全国建设行业中等职业教育推荐教材

电工与电气设备

（给水排水专业）

主编　王金寰

主审　胡晓元

中国建筑工业出版社

图书在版编目(CIP)数据

电工与电气设备/王金寰主编 . —北京:中国建筑工
业出版社,2004
全国建设行业中等职业教育推荐教材
ISBN 7-112-06192-X

Ⅰ. 电⋯ Ⅱ. 王⋯ Ⅲ.①电工技术—专业学校—
教材②电气设备—专业学校—教材 Ⅳ.TM

中国版本图书馆 CIP 数据核字(2004)第 066033 号

全国建设行业中等职业教育推荐教材
电工与电气设备
(给水排水专业)
主编 王金寰

主审 胡晓元

*

中国建筑工业出版社出版 (北京西郊百万庄)
新华书店总店科技发行所发行
北京市彩桥印刷厂印刷

*

开本:787×1092毫米 1/16 印张:7 插页:3 字数:186千字
2004 年 7 月第一版 2004 年 7 月第一次印刷
印数:1—2,500 册 定价:12.00 元
ISBN 7-112-06192-X
TU·5459 (12205)

本社网址:http://www.china-abp.com.cn
网上书店:http://www.china-building.com.cn

本书是全国建设行业中等职业教育推荐教材。内容包括：直流电路、单相交流电路、三相交流电路、变压器、异步电动机、供电系统。书中附有实验指导书及多层住宅电气照明施工图。

本书除可作为全日制中等职业教育教材外，亦可供相关工程技术人员参考。

*　*　*

责任编辑：田启铭
责任设计：孙　梅
责任校对：刘玉英

前　言

本教材是根据建设部中等专业学校市政工程施工与给水排水专业指导委员会 2002 年 4 月发布的中等职业学校三年制给水排水专业《电工与电气设备》教学大纲编写的,计划课时数 60。本教材根据以下指导思想编写:

一、《电工与电气设备》课的基础是电工学,电工学是本课程的教学难点,以往的电工学教学占用了大量的课时,效果却难如人意。我们在电工学内容的选取上以学习后续的电气工程所需要知识为指导,将在建筑电气系统中最有用的交流电的知识,例如三相四线制供电方式、线电压和相电压的来源、功率因数的概念以及交流电的电功率、线电流的计算公式等为重点,而对交流电路、电动机的工作原理等只作一般定性介绍,删减了有关理论计算部分的内容。

二、如何使学生在有限的时间内学到最实用的电气工程方面的知识?据我们了解,给水排水专业的中职毕业生大部分在建筑企业从事建筑设备(水暖电)安装工作,在建筑设备安装业有水、电不分家之说,即从事建筑给水排水安装的人要兼顾建筑电气安装。所以在供电系统部分的内容选编中,我们以介绍住宅照明配电系统安装知识为重点。住宅配电系统的安装知识比较简单,但是住宅配电系统设计方面的知识还是有一定的难度,所以我们将住宅配电线路的设计列入选学内容。

三、以往《电工与电气设备》教材都将建筑施工临时用电列为主要内容,几乎成了定势。但是据我们了解,给水排水专业的毕业生,无论他在什么单位工作,很少需要他们直接去管建筑施工用电的。而建筑施工临时用电由于牵涉到动力用电,有一定的难度,时间少了是学不到手的,所以我们没有将这部分内容选入教材。

教材编写也应当与时俱进,我们的以上做法是个尝试。当然全国各地的情况千差万别,一本教材无论如何也难以满足所有学校的需要,不尽人意之处只能敬请原谅了。

本教材由云南省建筑工程学校王金寰主编,衡阳铁路机械学校黄勇和山东聊城城建学校曹忠凯参编。四川建筑技术学院胡晓元主审。

教材在编写过程中,参考了有关文献资料及兄弟学校的教材,在此致以诚挚的谢意。

由于作者水平有限,书中存在不足和缺点,恳请读者给予批评指正。

编　者

目　　录

绪　　论

　　电能是现代社会最重要的能源形式,电能的使用遍及人类生产、科学研究和生活的各个领域。电能是清洁、高效的优质能源,和其他形式的能源相比有着巨大的优越性。首先是它能非常方便地转变为其他形式的能量,例如用一台电动机就可以很容易地将电能转换为机械能,电动机的能量转换效率很高,可达 90% 左右,所以现在绝大多数机械设备都以电动机为动力,给水排水行业应用最为广泛的水泵就是如此。其次,电能的输送也极其方便,用一些不太复杂的变配电设备和几根导线就可以将电能输送到很远的地方和需要用电的每一个角落。再则电能的控制也非常方便,用一个开关就可以控制电路的通断,用一组按钮和交流接触器就可以控制电动机的启动、停止或正反转等等。现在许多复杂的机械设备控制过程的自动化无不得益于电能控制的方便性,例如用于补水和排水水泵的水位自动控制,就是控制过程自动化的典型例子。

　　给水排水行业大量使用电能,作为本行业的工程技术人员懂得一定的电工与电气设备方面的知识,对于了解和掌握给水排水设备的运行和管理是有必要的。本教材还要讲述一些建筑电气方面的知识,建筑设备安装是给水排水专业的毕业生就业的主要渠道之一,而在建筑设备安装业有"水、电不分家"之说,即从事建筑给水排水安装的人也要从事建筑电气安装,因此学习一些建筑电气方面的知识就很有必要了。

　　《电工与电气设备》是给水排水专业学生必修的一门技术基础课,其内容由电路基础、电机与控制和供电系统三部分组成。这三部分内容是一个有机的整体,不可或缺。但是对于本专业的毕业生最用得着的知识,还是三相交流供电方式,线电压和相电压的概念,交流电的线电流和电功率的计算以及配电线路的安装等方面的内容,学生应该集中精力学好以上这几方面的知识。

　　本课程内容实践性很强,要真正学好它,必须重视实验和参加一定的生产实习。

第一章 直流电路

第一节 电路的基本概念

一、电路

1. 电路的组成

电路是电流通过的闭合路径。图1.1(a)为手电筒电路示意图,它是一个最简单的电路,当开关闭合时,形成闭合回路,有电流流过灯泡,灯泡发光。由图1.1可以看出,这个最简单的电路,由三个基本部分组成,即电源部分、负载部分以及连接它们的中间环节。

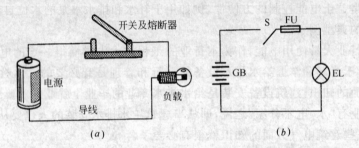

图 1.1　最简单电路

(a)电路;(b)电路图

电源的功能是将其他形式的能量转换为电能,供负载使用。电源的形式很多,有干电池、蓄电池和发电机等。

负载的作用是将电能转换成人们需要的能量形式,供人使用。如灯泡能够将电能转换成光能,供照明用。电炉能够将电能转换为热能,供加热或取暖用。电动机能够将电能转换为机械能,供驱动机械用。

中间环节是连接电源和负载的部分,它包括导线、开关以及各种保护装备,导线是电能的输送通道,开关的作用是控制电路的通断,熔断器对线路起短路保护的作用。

电路有内电路和外电路之分,外电路是指电源以外的电路,内电路是指电源内部的电路。对直流电路来说,电流的方向在外电路是由正极到负极,在内电路是由负极到正极。这样形成了闭合的回路,才能维持持续的稳恒电流。电路有两种类型,直流电路和交流电路。在直流电路中,电源的正负极是固定的,电动势的大小也是固定的,电流是稳定的。在交流电路中,电压和电流的方向和大小都随时间作周期性的变化。图1.2为直流电和正弦交流电的电流波形图。

2. 电路图

图1.1(a)只是一个最简单的手电筒照明电路示意图,而实际电路由于具有复杂功能,

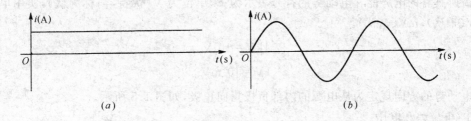

图 1.2 直流电和正弦交流电电波波形
(a) 直流电；(b) 正弦交流电

电路的结构也很复杂的。为便于分析研究，通常将实际电路画成电路图。电路图一律采用国家统一规定的图形图例、文字符号来表示各种电器设备。如图 1.1(b) 为手电筒电路的电路图。

二、电路的基本物理量

1. 电流

电流是定向运动的电荷形成的。如图 1.3 所示，在电场力作用下，正电荷在外电路从正极向负极运动。电荷流过灯泡时，灯泡将电荷携带电能转化为光能。在电源内部（内电路），电荷在电源力作用下，从负极流向正极，将其他形式的能量转化为电能。

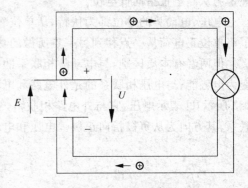

图 1.3 电流示意图

电流的方向规定为正电荷的运动方向，与电子（负电荷）的运动方向相反。

表示电流的大小的物理量叫电流强度，通常简称为电流。即"电流"一词，有时指电流本身，有时指电流的大小。电流强度定义为单位时间通过导体横截面的电荷量，即

$$I = \frac{Q}{T} \tag{1-1}$$

式中　I——电流强度，A（安培，简称安）；

　　　Q——电荷量，C（库仑）；

　　　T——时间，s（秒）。

电流强度的工程实用单位还有 kA（千安）、mA（毫安）、μA（微安）。

$$1kA = 10^3 A$$
$$1A = 10^3 mA = 10^6 \mu A$$

2. 电动势

大家都熟悉水塔的作用，为了使水管中有水流，需用水泵把水从低处提升到高处，实质是使水具有一定的势能。与此类似，电路中要有持续的电流，需利用电源内部的电源力，不断将电荷从负极移到正极，使正极的电荷具有一定的电势能。衡量电源力移动正电荷做功能力的物理量是电动势，它等于将单位正电荷从负极移到正极所做的功，也就是正极的单位

正电荷所具有的电势能。电动势的符号表示为 E,单位为 V(伏特,简称为伏),实用单位还有 kV(千伏),mV(毫伏)。

$$1kV=10^3 V$$

$$1V=10^3 mV$$

电动势的方向规定为从电源的内部负极指向正极,如图 1.3 所示。

3. 电位差和电压

(1)电位差

将水抽上水塔以后,水管两头的形成一定的水位差,当水由高水位向低水位流动的时候,水势能的释放并转换。在电源中,正极与负极间产生一定的电位差,当正电荷沿外电路由正极向负极移动的时候,电势能得以释放,转变为其他形式的能量。电位差的单位是 V(伏特)。

(2)电压

电压就是电位差,电压用大写字母 U 表示,显然电压的单位也为 V(伏特),电压的方向规定为从高电位指向低电位。

电压、电动势的单位都为伏特,从单位看,电动势和电压是一样的,这是因为它们都表示了将单位正电荷从一点移到另一点所做的功,它们都具有单位电荷包含的电势能的物理意义。但两者有本质区别,与电动势相联系的是电源和电源力,它是电源将其他形式的能量转变为电势能;与电压相联系的是外电路和电场力,此时电势能转化为其他形式的能量。如图 1.3 所示,U 表示电压,它与外电路相联系,从正极指向负极。E 表示电动势,它与内电路相联系,其方向为从负极指向正极。电压和电动势的箭头所指恰是正电荷运动的方向。

习　题

1. 在电路中电源和负载的作用是什么?
2. 试说明电动势和电压的意义是什么? 它们有什么联系和区别?

第二节　欧　姆　定　律

欧姆定律是电路中最基本的定律,它反映了电路中电动势、电压、电流和电阻之间的关系,应用十分广泛。

一、一段电路的欧姆定律

图 1.4 所示为一段不包含电源而仅含有电阻的电路,通常称为一段无源电路。实验证明流过电阻的电流与该电阻两端的电压成正比,与该电阻成反比,这就是欧姆定律,可表示为

$$I=\frac{U}{R} \qquad (1-2)$$

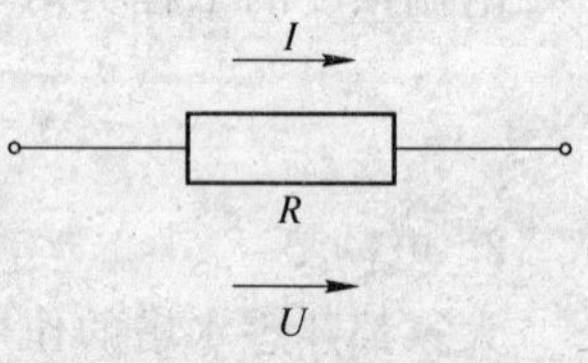

图 1.4　一段电路欧姆定律

【例 1-1】　一只电炉接到 220V 的电压上,流过的电流为 5A,问电炉的电阻为多大?

【解】 根据欧姆定律

$$R = \frac{U}{I} = \frac{220}{5} = 44\Omega$$

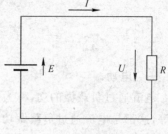

二、全电路欧姆定律

如图 1.5 所示,含有电源和负载的闭合电路称为全电路。图中 r 为电源内阻,它和 E 构成电源内电路。

实验证明,全电路中的电流与电动势成正比,与闭合电路总电阻成反比,这就是全电路欧姆定律,可表示为

图 1.5　全电路欧姆定律

$$I = \frac{E}{(r+R)}$$

此式常写为

$$U = E - Ir \tag{1-3}$$

上式表明,电源的输出电压 U 等于电动势 E 与内阻上的电压降 Ir 之差。

【例 1-2】 在图 1.5 电路图中,设电源的电动势为 6V,内电阻为 0.2Ω,外电路的电阻为 5.8Ω,求电路的总电流、电源的输出电压和电源的内部电压降。

【解】 按全电路欧姆定律 $I_{总} = \frac{E}{(r+R)} = \frac{6}{0.2+5.8} = 1A$

按一段电路的欧姆定律电源的输出电压为

$$U = IR = 1 \times 5.8 = 5.8V$$

电源的内部电压降是由电源的内电阻引起的,所以

$$U_0 = rI = 0.2 \times 1 = 0.2V$$

三、电路的工作状态

负载、开路和短路是电路的三种工作状态,利用全电路欧姆定律,可说明电路三种工作状态时的特点。

1. 负载状态

负载状态是电源与负载接通,电路中有电流流过,负载处于工作状态,电路中的电流称为工作电流或负载电流。

2. 开路状态

外电路断开时称为开路状态,也称断路,此时电路中没有电流通过,负载处于不工作状态。

3. 短路状态

电源两端未经负载,直接被导线接成闭合回路的状态,称为短路状态,这是电路中最严重的故障状态。电源短路时,外电路电阻极小(理论值为零),电源内阻也很小,根据全电路欧姆定律,电路中短路电流极大,会损坏电源和导线,甚至造成火灾和爆炸等严重事故。在交流电路中,必须用熔断器或低压断路器对电路进行短路保护。

习　题

1. 有一个电源,不接负载时,其两端电压为 3V,接上 18Ω 的负载电阻 R 时,电源两端电压为 2.7V,求电源的内电阻 r 等于多少?

2. 什么是电路的短路状态？短路的危害是什么？交流电路是如何以线路进行短路保护的？

第三节 电功和电功率

一、电功

电流通过负载做的功，称为电功。例如，通电的灯泡发光，通电运转的电动机输出机械能等，这都是电流通过负载做功的实例。电流做功必然要消耗电能，而且此电功与消耗的电能是相等的，因此，人们又将电功称为电能。

在直流电路中负载消耗的电能为

$$W = UIT \tag{1-4}$$

式中　W——电功（电能），J（焦耳）；

　　　U——电压，V（伏特）；

　　　I——电流，A（安培）；

　　　T——时间，s（秒）。

二、功率

单位时间所做的电功称为功率，它是表示电流做功快慢的物理量。从负载角度看，它表示了负载消耗电能的快慢，指负载单位时间消耗的电能，即

$$P = \frac{W}{T} \tag{1-5}$$

式中　P——电功率，W（瓦特），实用单位还有 kW（千瓦）、mW（毫瓦）。

$$1kW = 10^3 W$$

$$1W = 10^3 mW$$

将式(1-4)代入式(1-5)可得出

$$P = UI = I^2 R = \frac{U^2}{R} \tag{1-6}$$

式中　U 和 I——一段电路的电压和电流；

　　　R——该段电路负载的电阻值。

电能的实用单位为 kWh（千瓦时），1kWh 俗称 1 度电，它表示功率为 1kW 的负载通电 1 小时所消耗的电能。

【例 1-3】 有一个电热器接在于 220V 的电路上，通过的电流为 5A，求通电 1 小时所产生的热量为多少？

【解】 根据式(1-5)可知电热器消耗的电能为

$$W = PT = UIT = 220 \times 5 \times 3600 = 3960000J$$

热功当量告诉我们，一焦耳的电能可产生 0.24 卡的热量，所以所求产生热量为

$$Q = 0.24W = 0.24 \times 3960000 = 950400 \text{ 卡}$$

【例 1-4】 有一只 200W 白炽灯，接入 220V 的电路中，求通过灯泡取用的电流是多少？灯丝的电阻是多少？工作多长时间消耗 1 度电？

【解】 额定电流　　　　　　$I = \frac{P}{U} = \frac{200}{220} = 0.909A$

灯丝的电阻 $R=\dfrac{U^2}{P}=\dfrac{220^2}{200}=242\Omega$

消耗一度电的时间 $T=\dfrac{W}{P}=\dfrac{1000\,\mathrm{Wh}}{200\,\mathrm{W}}=5\mathrm{h}$

三、电气设备的额定值

为保证电气设备的正常工作和充分发挥其效能,任何电气设备对于接入电路的电压、取用的电流值和输出(或消耗)的功率等都有一个预定的标准值,在电工术语中称为额定值。最常用的额定值是额定电压 U_N、额定电流 I_N 和额定功率 P_N,如果是用交流电的设备还必须指明交流电的额定频率。电气设备的额定值是使它正常工作的必要条件,都明确地标注在设备的铭牌上,如果将一个额定电压为 220V 的用电设备误接入 380V 的电路,肯定要将它"烧毁",如果将额定电压为 220V 的电灯接入 36V 的电路,它肯定是很不亮的。

习　题

1. 有一只 220V、60W 的灯泡,灯丝的电阻在冷态下和炽热态下是不一样的。其常温状态下测得的电阻为 60Ω,试问灯泡通电瞬间(冷态)的电流是多少? 它是炽热态电流的多少倍?

2. 一只 220V,1500W 的电炉,试求:电炉的电阻是多少? 电炉的工作电流是多大? 如果电炉每天使用 2.5 小时,一个月(以 30 天计)要消耗多少电能?

3. 有一台电视机,其铭牌上写着的规格为 110~240V,50/60Hz,230W,问这三个数据各是什么意思?

第四节　电阻的串联和并联

在实际电路中,负载电阻由于连接方式不同,电路形式也不一样,电阻的串联与并联是负载最基本的连接方式,混联是在一个电路中,即有互相串联的电阻又有相互并联的电阻。

一、电阻的串联

把两个或两个以上的电阻依次连接,使电流只有一条通路,称电阻的串联,如图 1.6 所示。

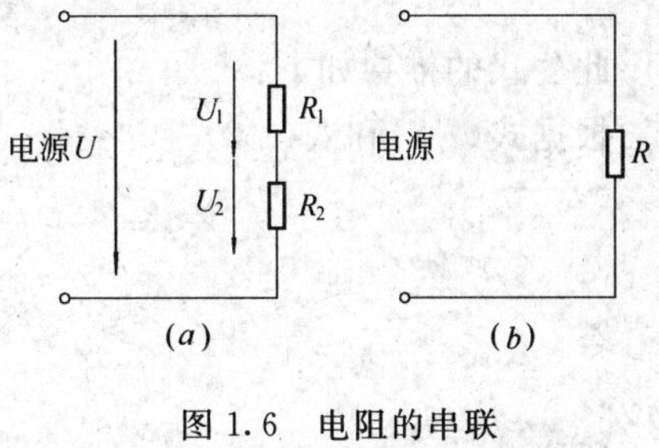

串联电路的特点

1. 在串联电路中,流过各串联电阻的电流为同一电流。

$$I_1=I_2$$

2. 串联电路的总电压等于串联各电阻上的电压之和,即

$$U=U_1+U_2$$

图 1.6　电阻的串联
(a)电阻的串联;(b)串联电阻的等效电阻

由此式可知,电阻的串联具有分压作用,即每个电阻上的电压小于电路上的总电压。

3. 串联电路的总电阻等于各分电阻之和,即

$$R=R_1+R_2 \tag{1-7}$$

在电工技术中常把图 1.6(b)称为图 1.6(a)的等效电路,总电阻 R 也常称为等效电阻。

【例 1-5】　串联电阻的一个重要用处是组成分压器,以方便地取得各种数值的电压。例如在图 1.6(a)中,如果 $R_1=100\Omega$,$R_2=200\Omega$,电路的端电压 $U=12\mathrm{V}$,试求电阻 R_1 和 R_2

的电压降 U_1 和 U_2。

【解】 串联电阻的等效电阻为

$$R = R_1 + R_2 = 100 + 200 = 300\Omega$$

依据一段电路欧姆定律通过串联电阻的电流为

$$I = \frac{U}{R} = \frac{12}{300} = 0.04\text{A}$$

因此

$$U_1 = R_1 I = 100 \times 0.04 = 4\text{V}$$

$$U_2 = U - U_1 = 12 - 4 = 8\text{V}$$

由此可见,只要改变串联电阻的值,形成不同的组合,就可以获得不同的电压。

二、电阻并联

把几个电阻一端联在一起,另一端也联在一起,使各电阻承受相同电压,构成多条电流通路,称为电阻的并联,如图1.7所示。

并联电路特点:

1. 在并联电路中,并联各电阻两端的电压为同一个电压,即

$$U = U_1 = U_2$$

在实际的交流配电线路中,由于用电设备的额定电压都是相等的,它只能并联入电路。所以所有的用电设备全部都是并联入电路。

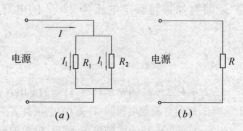

图1.7　电阻的并联
(a)电阻的并联;(b)并联电阻的等效电阻

2. 并联电路的总电流等于各并联电阻中的电流之和,即

$$I = I_1 + I_2 \tag{1-8}$$

3. 并联电路的总电阻的倒数等于各并联电阻倒数之和,即

$$\frac{1}{R} = \frac{1}{R_1} + \frac{1}{R_2} \tag{1-9}$$

此公式的推导如下:

根据式(1-8)和式(1-2)

$$I = I_1 + I_2 = \frac{U}{R_1} + \frac{U}{R_2} = U\left(\frac{1}{R_1} + \frac{1}{R_2}\right)$$

令

$$\frac{1}{R} = \frac{I}{U}$$

所以

$$\frac{1}{R} = \frac{1}{R_1} + \frac{1}{R_2}$$

即

$$R = \frac{R_1 R_2}{R_1 + R_2} \tag{1-10}$$

通常把图1.7(b)称为图1.7(a)的等效电路,电阻 R 也称并联电路的等效电阻。

【例1-6】 在图1.7中,设 $R_1 = 10\Omega$,$R_2 = 20\Omega$,求并联电阻 R_1 和 R_2 的等效电阻。

【解】 由式(1-10可得

$$R = \frac{R_1 R_2}{R_1 + R_2} = \frac{10 \times 20}{10 + 20} = 6.67\Omega$$

由此例可以看出，电阻并联以后，其等效电阻小于各分电阻。

习　题

1. 在图 1.6(b)中，如果电路端电压 $U=220\text{V}$，导线电阻为 0.2Ω，负载 $R=10.8\Omega$，试求负载两端的电压。

2. 在照明电路中，由于所有的灯泡都是采用并联方式接入电路。某灯具内有 10 只 220V、40W 的灯泡，试求通过向该灯具供电电线的电流（要求用两种不同的方法求解）。

第二章 单相交流电路

现代电力系统供应的电力都是交流电,我们的工农业生产和日常生活的用电设备绝大部分是交流电设备。这是由于交流电与直流电相比,其生产、输送和使用更为方便经济,表现在以下几个方面,一是交流电机(包括发电机和电动机)与直流电机相比具有结构简单、坚固耐用和维修方便的优点;二是交流电易于改变电压,可以方便而有效地降低线路损耗。在需要直流电的场所,也可以用整流器十分方便地将交流电变成直流电。交流电用起来方便,但交流电的理论比直流电复杂得多。

第一节 电 磁 现 象

电和磁是两种有着内在联系,密不可分的物理现象,"电生磁,磁生电",电磁相生是对电磁现象形象的描述。电磁现象是交流电得以存在的物理基础,交流电的产生、输送和应用都是电磁运动规律在技术上的应用。要理解交流电的工作原理,学习一些电磁知识是必要的。

一、磁现象的基本知识

1. 磁场和磁力线

磁体之间有力的作用,每个磁体有两极:N极(北极)和S极(南极),同性磁极间是排斥力,异性磁极间是吸引力。力的传递必须通过物质,磁极之间力的作用是通过存在于磁体之间的磁场实现的,每个磁体周围都存在着磁场。磁极之间作用力有大有小,这决定于磁场的强弱,描述磁场强弱的物理量叫磁感应强度,磁感应强度的单位是 T(特)。

磁场看不见,摸不着,为了能够形象地描述它,我们采用"磁力线(磁感线)",磁力线是画在平面上的曲线(直线也是曲线的一种),磁力线的方向在磁体内部是由S极指向N极,在磁体外部是由N极指向S极。磁感应强度越大的地方,磁力线越密集,磁力线是一条闭合的曲线。从磁力线图可以很清楚地看出磁场的走向和磁感应强度的分布。图2.1即为部分磁场的磁力线图,由此可见一斑。

2. 电流和磁场

在实验中我们发现,不但磁极可产生磁场,电流周围也存在着磁场。如图2.2所示,用小磁体(磁针)可以试探出电流周围的磁场。通过电流周围存在着磁场的现象,人们发现了电和磁的内在联系,电可以生磁,进一步的研究发现,凡运动电荷的周围都存在着磁场,磁场归根结蒂都是运动电荷产生。电流产生磁场的方向可用安培定则(右手螺旋定则)来判断,如图2.2所示。

一根导线产生的磁场有限,用处不大。人们把导线一圈圈地密绕在圆柱形的物体上,制成螺线管,通电后,由于每匝线圈产生的磁场相互叠加,因而在螺线管内部产生较强的磁场,从外部看,通电螺线管变成了一个圆柱形的电磁体,如图2.3(a)所示。细长通电螺线管内磁场的磁感应强度由下式决定

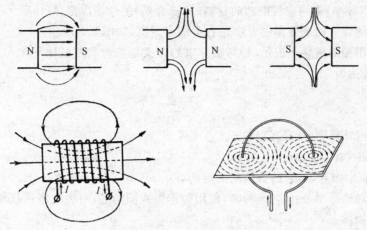

图 2.1　部分磁场的磁力线图

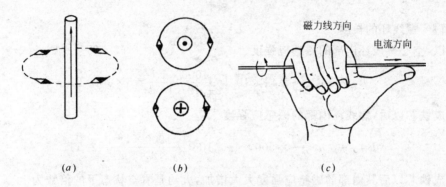

(a)　　　　　　(b)　　　　　　(c)

图 2.2　电流的磁场和安培定则

(a)通电导线周围的磁场;(b)电流方向决定磁场方向;(c)安培定则

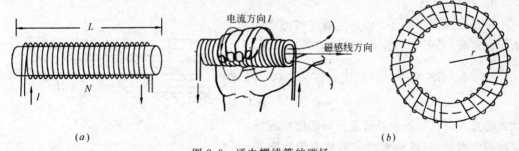

(a)　　　　　　　　　　　　　　　　(b)

图 2.3　通电螺线管的磁场

$$B = \mu \frac{NI}{L} \tag{2-1}$$

式中　B——磁感应强度,T;

　　　N——线圈导线匝数;

　　　I——通过导线的电流,A;

　　　L——螺线管的长度,m;

μ——磁导率,由构成线圈芯的材料(称磁介质)的性质决定,H/m。

判断通电螺线管磁场方向的方法是右手螺旋定则,如图 2.3 所示。

磁导率常用相对磁导率表示,相对磁导率的含义是各种物质的磁导率与真空的磁导率之比,其公式表达为

$$\mu_r = \frac{\mu}{\mu_0} \qquad (2-2)$$

式中　μ_r——相对磁导率,没有单位;

　　　μ——磁导率,H/m;

　　　μ_0——真空磁导率,它的数值是固定的,取 $4\pi \times 10^{-7}$ H/m。

铸钢的相对磁导率 $\mu = 500 \sim 2200$,使用铸钢做线圈的芯,可大大增强线圈的磁性,类似的材料称铁磁物质。

【例 2-1】　一个半径 $r = 20$cm 的螺线环,见图 2.3(b),有线圈 1000 匝,通电电流为 1A,试比较螺线环线圈芯在空心状态和用铁磁物质做线圈芯状态下,其内部磁感应强度的大小。

【解】　螺线环的长度　　　　　　　　$L = 2\pi r$

所以,空心螺线环内部的磁感应强度

$$B_{真空} = \mu_0 \frac{NI}{2\pi r} = 4\pi \times 10^{-7} \frac{1000 \times 1}{2\pi \times 2 \times 10^{-1}} = 5 \times 10^{-3} \text{T}$$

改成铁芯以后,螺线环内部的磁感应强度

$$B_{铁芯} = \mu_r \mu_0 \frac{NI}{2\pi r} = 500 \times 4\pi \times 10^{-7} \frac{1000 \times 1}{2\pi \times 2 \times 10^{-1}} = 2.5 \text{T}$$

改成铁芯以后其内部的磁感应强度大大增加,大约是真空状态下的倍数为

$$n = \frac{B_{铁芯}}{B_{真空}} = \frac{2.5}{5 \times 10^{-3}} = 500$$

3. 磁通、磁路

磁感应强度与垂直于磁感应强度的面积的乘积称磁通,见图 2.4 所示。磁通的表达式为

$$\Phi = BS = \mu \frac{NIS}{L} = \frac{NI}{\dfrac{L}{\mu S}} = \frac{E_m}{R_m} \qquad (2-3)$$

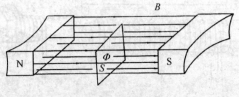

图 2.4　磁通

此式的意义何在?原来磁通表明磁场能在磁场空间的分布状态,磁通相对大的地方说明磁场能主要分布于此。用铁磁物质做线圈芯以后,线圈内部的磁通量多集中于铁磁物质内,铁磁物质成了磁场能量的主要通道,这就是磁路。与电路相似,电路是电能的主通道,磁通相当于电路中的电流。式中,E_m 称磁动势,表明它是磁通的来源,相当于电路中的电动势。R_m 称磁阻,它表明磁通在磁路中通过时,磁路存在的阻力,相当于电路中的电阻。在电路中,电阻小,线路损耗的电能小。同理在磁路中,磁阻小,磁路损耗的磁能小。由于采用铁磁物质可大大地减少磁阻,电机、变压器和电磁铁等主要电气设备的都采用电磁线圈的结构,都是用铁磁物质做线圈芯的材料,图 2.5 为常见电气设备的磁路。

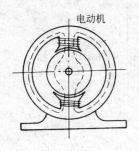
电动机

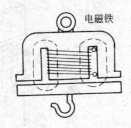
电磁铁

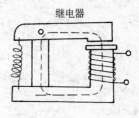
继电器

图 2.5　几种典型电器设备的磁路

以变压器的结构为例,如图 2.6 所示,变压器的初级线圈的电能是依靠铁芯中的磁路传递到次级线圈上的。变压器的铁芯材料采用硅钢片,硅钢片的相对磁导率 $\mu_r = 7000 \sim 10000$,比铸钢还高得多。当然其磁路的磁阻也小得多,如此由变压器铁芯引起的能量损耗(称铁损)也小得多。

二、磁场对电流的作用

将通电导体垂直放置在匀强磁场(磁场各点的磁感应强度相同的磁场)中,导体将受到磁场对它的作用力为

$$F = BIL \tag{2-4}$$

式中　F——磁场对通电导体的作用力,称电磁力或安培力,N(牛);

　　　B——磁感应强度,T;

　　　I——通过导线的电流强度,A;

　　　L——通电导体的有效长度,m。

电磁力的方向由左手定则判定,如图 2.7 所示。

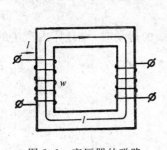

图 2.6　变压器的磁路

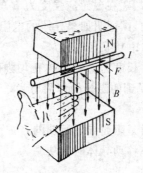

图 2.7　左手定则

磁场对通电导体的作用力是直流电动机和许多电工仪表的工作原理。

三、电磁感应

如图 2.8 所示,当导体 AB 在磁场中作切割磁力线的运动时,在 AB 导线和电流计组成的闭合回路中就会产生电流,这说明导体 AB 中产生了电动势。导体切割磁力线的运动从另一个更广的角度可以看成闭合回路中磁通的变化,这种由磁通变化产生的电流的现象称电磁感应。电磁感应现象可以形象地说成"磁生电",我们在此之前讲的电流产生磁场的现象可以形象地说成"电生磁"。磁电相生现象是一切电机和变压器工作原理。切割磁场的导体内所产生的电动势方向用右手定则判断,见图 2.8 所示。电动势的大小为

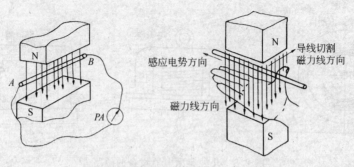

图 2.8 导体切割磁力线与右手定则

$$e=BLv \tag{2-5}$$

式中　e——电动势,V;

　　　B——磁场磁感应强度,T;

　　　v——导体切割磁力线的速度,m/s。

　　如果将电磁感应现象与磁场对电流的作用联系起来看,你会发现一个有趣的现象。当导体在磁场中作切割磁力线运动的时候,此时感生电流将会受到磁场力的作用,假设运动方向是向右,你将左右手定则结合起来判断一下,此时导体受到磁场力的方向刚好是向左,即与导体运动的方向相反。因此,你要让导体作切割磁力线的运动,必须提供一个克服磁场对导体作用力大小相等方向相反的的外部动力。此时你会发现,导体在磁场中作切割磁力线的运动,必须有外力对导体做功,外力所做功恰是电路中电能的来源。这个过程就是借助磁场把外部机械能变成了电能的过程,这是一切发电机工作的电磁原理。

　　在第四、五章中,你将会知道,电磁相生的现象也是交流电动机和变压器的工作原理。

　　【例 2-2】　在磁感应强度为 B 的匀强磁场中,有一长度为 L 的导体以速度 v 作切割磁力线的运动,试证明如果导体的电阻可以忽略不计,拉动导体运动的外力的机械功率与感生电流的输出电功率相等。

　　【解】　长度为 L 的导体在匀强磁场内作切割磁力线的运动时,设导体内产生的感生电流为 I,它受到的磁场的作用力为

$$F=BIL$$

这个力是阻碍导体运动的,
外力在移动导体时的功率为

$$P_{机械}=Fv=BILv$$

如果导体的电阻可以忽略不计,根据全电路欧姆定律的公式(1-2),

$$U=E-Ir=E$$

此时感生电流的输出电功率为

$$P_{电}=eI=BLvI=BILv$$

所以　　　　　　　　　　　　$$P_{机械}=P_{电}$$

习　题

1. 根据右手螺旋定则判断并在下图中标出线圈中的电流的方向或铁磁体磁化后的极性。

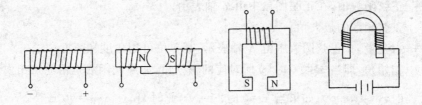

2. 根据左手定则判断下图中通电导体在磁场中所受电磁力的方向。

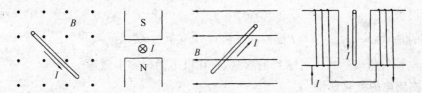

3. 导线的有效长度为 12cm，放置在 $B=1$T 的匀强磁场中且与磁场方向垂直。导线由电压为 $U=2$V 的电源供电，导线的运动速度为 15m/s。已知导线本身的电阻 $r=0.05\Omega$，求通过导线的电流和所受的电磁力。

第二节　正弦交流电的特征

一、正弦交流电的产生

单相交流电是由单相交流发电机产生，如图 2.9 所示。交流发电机的工作原理是电磁感应，即当有导线在磁场中作切割磁力运动的时候，在导线中会产生电动势。交流发电机将导线做成线圈状，当线圈绕其中心轴旋转时，线圈的上下边从不同的方向不断地切割磁力线，这样在线圈的两个端头会产生持续的按正弦规律变化的电动势，这就是交流电路的电源。

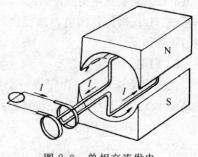

图 2.9　单相交流发电

正弦交流电动势产生正弦交流电流，统称正弦交流电，简称交流电。正弦交流电的电流、电压的方向和大小都随时间按正弦规律变化，图 2.10 为正弦交流电的波形图。

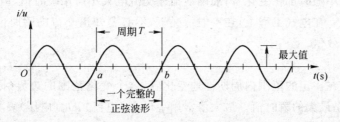

图 2.10　正弦交流电波形

在数学里正弦函数的表达式为

$$y = y_0 \sin(x + \alpha) \tag{2-6}$$

15

式中　y——正弦函数值,在正弦图象中由 Y 轴表示;

　　y_0——正弦函数的最大值;

　　x——自变量,在正弦图象中由 X 轴表示,其单位可用角度和弧度;

　　α——初始角,即当 x 取 0 时,y 所对应的正弦角,如果此函数是由原点出发,当 $x=0$ 时,$y=0$,$\alpha=0$;如果当 $x=0$ 时,$y=y_0$,此时 $\sin\alpha=1$,$\alpha=90°$或 $\dfrac{\pi}{2}$。

正弦交流电用下式表达

电压的瞬时值　　　　　　　　$u=U_m\sin(\omega t+\varphi_1)=U_m\sin(2\pi ft+\varphi_1)$　　　　　　　(2-7)

电流的瞬时值　　　　　　　　$i=I_m\sin(\omega t+\varphi_2)=I_m\sin(2\pi ft+\varphi_2)$　　　　　　　(2-8)

正弦交流电瞬时值表达式中各字符的含义,将在以下的内容中叙述。

二、交流电的变化快慢

交流电的频率是表现交流电变化快慢的物理量,它是交流电的最重要的技术参数之一,它是电动机的转速和电路阻抗值的决定因素之一。描述交流电变化快慢的物理量还可以用周期。

1. 频率

从图 2.10 中可以看出,从坐标的原点 O 开始到坐标点 a,或从坐标点 a 到坐标点 b,是一个完整的正弦波形。交流电在一个完整的波形内,方向变化一次,幅值(最大值)出现两次(一次正一次负)。交流电的变化非常快,一秒钟可以包含若干个这样的波形。每秒钟包含的波形数就是交流电的频率,在式(2-7)和式(2-8)里的符号 f 表示频率。频率的单位是 1/s,称赫兹(Hz)。例如我国电力网提供的交流电的频率是 50Hz,就表示一秒钟内包括 50 个完整的正弦波形。

2. 周期

在图中交流电的变化完成一个完整的波形所需的时间称周期,周期用符号 T 表示,单位是 s(秒)。周期与频率互为倒数关系,即

$$f=\frac{1}{T} \tag{2-9}$$

用此公式可以算出,50Hz 交流电的周期为 0.02s。

三、交流电的大小

交流电的大小随时都在变化着,准确地描述交流电大小需用瞬时值,但是瞬时值主要应用于电路的研究。在电气工程上,在一般情况下,不必要知道交流的瞬时值,更多使用的是它的最大值和有效值。

1. 最大值

正弦交流电在一定的范围内周期性地变化着,这个变化范围的边界(振幅)就是它的最大值,最大值就是最大的瞬时值。最大值常用字母 I_m(电流)、U_m(电压)表示,它们的含义从式(2-7)和式(2-8)可以看出,它们是当正弦函数取最大值 1 时的电流、电压的值,显然就是最大值。

2. 有效值

在电气工程上更有用的是有效值,有效值的定义是

$$I = \frac{\sqrt{2}}{2}I_m = 0.707I_m \qquad\qquad (2\text{-}10)$$

$$U = \frac{\sqrt{2}}{2}U_m = 0.707U_m \qquad\qquad (2\text{-}11)$$

为什么要引入有效值？实际上用瞬时值和最大值来描述交流电都不方便。有效值的意义在于,交流电有效值的发热和做功的大小与等值的直流电相当,引入有效值后,在许多情况下,可将交流电当作直流电看待,可以直接用有效值进行交流电的电功率和电能的计算,和用有效值标示电压和电流的大小,带来很大的方便。例如额定电压为220V,计算电流为20A的一个白炽灯照明单相交流电路,其电功率的计算式为

$$P = UI = 220 \times 20 = 4400\text{W} \qquad\qquad (2\text{-}12)$$

以上额定电压220V和计算电流20A都是有效值,电功率的计算方法与直流电一样。在交流电路中用电压表、电流表测量出的电压、电流都是有效值,而交流电气设备的额定电压、额定电流也是用有效值表示。

四、交流电的三要素

直流电基本是个常量,它的描述比较简单,无论电压或电流都只用方向和大小两个参数就够了。而交流电的变化比较复杂,要完整准确地描述一个交流量(电压或电流)必须有三个参数:频率(周期)、最大值(或有效值)和初相位,这就是交流电的三要素。

频率和最大值的意义已经叙述过了,那么初相位是什么意思？在正弦交流电的瞬时值表达式(2-7)和式(2-8)中,就是 φ_1 和 φ_2。比较图2.11中的两个交流电电流 i_1、i_2 的波形图,尽管其周期和最大值都相同,但仍然是两个不同的波形图,其差别就在于初相位的不同。即在 $t=0$ 的时刻,i_2 的值为 0,i_1 的值为最大值。这说明,i_1 在 $0°$ 时达到最大值,i_2 在 $90°$ 才能达到,i_1 超前 i_2 $90°$(四分之一周期)先到达到最大值,i_1 的相位较 i_2 超前。换种说法是,i_1 超前 i_2,或 i_2 滞后 i_1。

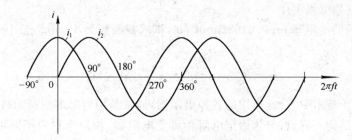

图2.11 正弦交流电的初相位

习 题

1. 在图2.10中,如果 b 点的值为 1s(秒),试问该正弦交流电的周期和频率各是多少？如果最大值是100,试问有效值是多少？

2. 在图2.11中,如果 i_2 的初相位不变,而 i_1 如果超前 i_2 180°,这个图应当怎么画？

3. 试说明交流电的三要素的意义是什么？

第三节　常用交流电路的负载元件

电路的负载元件实际就是电路中的各种电气设备,我们常将电气设备科学地抽象成为电阻、电容和电感等电路元件,这些电路元件是将实际的电气设备的主要电磁特征突出出来的假想元件,而将非主要电磁特征隐去,以方便研究。例如电感或电容被抽象成不消耗电能只存储电能的电气元件,实际的电感器和电容器都要消耗一定的电能的。下面介绍三种常用的电路负载元件。

一、电阻元件

导体对电流有一定的阻碍作用,称为电阻。电阻的大小称电阻值,也简称电阻,单位为Ω(欧姆),工程实用单位还有 kΩ(千欧)、MΩ(兆欧)

$$1k\Omega = 10^3\Omega$$

$$1M\Omega = 10^6\Omega$$

实验证明,金属导体的电阻与导体的长度成正比,与导体的横截面积成反比,还与导体的材料有关。反映导体材料导电性能的参数是电阻率 ρ,不同材料的电阻率是不同的,如铜、铝的电阻率较小,表示对电流的阻力小,导电能力强,所以常用铜、铝制造成导线;镍铬、铁铬铝合金的电阻率很大,而且耐高温,常用来制造发热元件的电阻丝。

一段导体的电阻可用下式计算

$$R = \rho \frac{L}{S} \tag{2-13}$$

式中　R——导体的电阻,Ω;

L——导体的长度,m;

S——导体的横截面积,m^2;

ρ——导体的电阻率,$\Omega mm^2/m$。

式(2-13)称为电阻定律。

【例 2-3】　铜的电阻率 $\rho = 0.0168\Omega mm^2/m$,试求截面积为 $10mm^2$,长 1000m 的铜导线的电阻值。

【解】　　　　$R = \rho \frac{L}{S} = 0.0168 \times \frac{1000}{10} = 1.68\Omega$

在电工和电子技术中,广泛应用的各种电阻器,通常是用电阻率较高的材料制作在陶瓷骨架上而成。按结构不同,可分为固定电阻和可变电阻器,按导电材料不同可分为碳膜、金属膜、绕线式电阻器等。

二、电容元件

电容是由两片离得很近而又相互绝缘的金属片(称极板)构成,实际的电容器都是在两片金属极板之间夹上不同的绝缘介质制成。在电容的两个极板上加电压,两极板上会分别聚集起异号电荷,在两极板之间的介质中建立起电场,于是电容器就储存有一定的电量和相应的电场能量,这一过程称为电容的充电。充电后的电容,断开电源后,电荷仍存在于极板上,电场也继续存在,所以我们也可以将电容器理解为储存电荷的容器。

如果在电源移走后,电容器两极板之间另有通路存在,则两极板上异号电荷就会经其通路而中和,其电场逐渐减弱直至为零,这一过程称为放电。

综上所述,电容在电路中的作用是一种能储存电场能量的电路元件。在电路图中,电容常用图 2.12 所示符号表示。反映电容器储存电荷能力的量称为电容量 C,它定义为单位电压下,极板上储存的电荷量,即

$$C=\frac{Q}{U} \qquad (2\text{-}14)$$

式中　Q——极板上的电荷量,C(库仑);

　　　U——极板端电压,V;

　　　C——电容量,F(法拉),常用工程单位还有 μF

　　　　　(微法)、pF(皮法)。

$$1F=10^6\,\mu F=10^{12}\,pF$$

电容器的主要技术参数有电容量和耐压值两项。

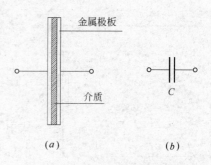

图 2.12　电容器及电容器符号
(a)电容器;(b)电容器符号

三、电感元件

电感元件就是由导线绕制而成的线圈,如变压器、电动机的绕组。它们都是实际的电感元件,一般情况下绕制线圈的导线本身电阻很小,可以忽略,这样的线圈可以看作是理想的电感元件。

当线圈中通过电流时,在线圈周围就产生了磁场,此时电能转化为磁场能量在线圈中储存了。线圈中流过的电流越大,产生的磁场越强,储存的磁场能量越多;电流小,则产生的磁场弱,储存的磁场能少。所以电感在电路的作用就是产生磁场,储存磁场能。在电路图中,电感常用图 2.13 所示符号表示。反映电感线圈产生磁场能力的量称为电感量,大写字母 L 表示,单位为 H(享利)。

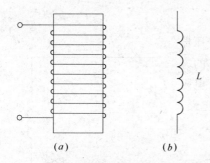

图 2.13　电感及电感图例
(a)电感线圈;(b)电感图例符号

习　　题

1. 铝的电阻率为 $0.0272\Omega mm^2/m$,铜的电阻率为 $0.0168\Omega mm^2/m$,试求截面积为 $10mm^2$,长 $1000m$ 的铝导线的电阻值。如果要使同样长度铝导线的电阻值与 $10mm^2$ 的铜导线一样,它的截面应该取多大?

第四节　单一参数的正弦交流电路

本节将进一步介绍这三种元件在交流电路中的作用,这对于理解交流电路的特点具有重要的意义。

一、纯电阻电路

交流电路中如果只有电阻性元件,则称为纯电阻电路。如白炽灯、电炉、电铬铁等的电路,可称为纯电阻电路(图 2-14)。

1. 电流与电压关系

电流与电压的关系可用电流三要素与电压三要素的关系来表示:

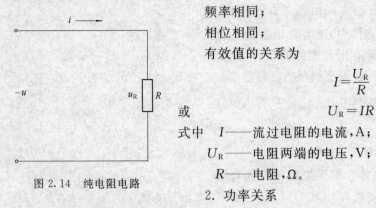

图 2.14　纯电阻电路

频率相同；

相位相同；

有效值的关系为

$$I=\frac{U_{R}}{R}$$

或

$$U_{R}=IR$$

式中　I——流过电阻的电流，A；

U_{R}——电阻两端的电压，V；

R——电阻，Ω。

2. 功率关系

当电流流过电阻时，电阻就会发热而消耗电能，电阻是耗能元件，电阻的功率称有功功率。如果电阻电路的电流电压值用有效值表示，则电阻的有功功率为

$$P=U_{R}I=\frac{U_{R}^{2}}{R}=I^{2}R$$

此式与直流电路的电功率计算公式是一样的。

二、纯电感电路

在实际的电气工程中，电感元件的应用很广泛，如变压器的绕组、电动机的绕组等都是实际的电感元件。为研究的方便，忽略了绕组导线的电阻，就将该绕组抽象为一个没有电阻的纯电感元件。纯电感电路就是只包含纯电感元件的电路，如图 2.15 所示。

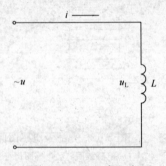

图 2.15　纯电感电路

1. 感抗

纯电感元件在直流电路中是不起任何作用的，但是在交流电路中却有着不可忽略的重要作用。其作用表现在两个方面，一是它的限流作用，纯电感元件在交流电路中表现如一个电阻，称感抗，其电抗值为

$$X_{L}=2\pi fL \tag{2-15}$$

式中　X_{L}——感抗，Ω；

f——交流电频率，Hz；

L——电感量，H。

从式(2-15)看，感抗与电阻除了在限流作用上相似外，差异是很大的，感抗与交流电的频率有关，而电阻绝无此种关系。

2. 电压与电流关系

综上所述，在纯电感电路中，电流与电压的关系如下：

(1) 频率相同；

(2) 电流的相位滞后于电压 90°；

(3) 电流与电压在数量上的关系为

$$I=\frac{U_{L}}{X_{L}}$$

即感抗与电路的电压和电流的关系符合欧姆定律。

20

纯电感在交流电路中的另一个重要作用是存储电能(以磁场能的方式),在电感与电源之间发生不断的能量交换,但不消耗电能,这是通过电感的电流比电压滞后 90° 的原因。所谓电流比电压滞后 90° 的意思是,如果说电压所处相位相当于图 2.11 中 i_1 的相位的话,电流所处相位相当于图 2.11 中 i_2 的相位,即电压与电流的变化不同步。例如在 $t=0$ 的时刻,电压在最大值,而电流的值为 0,即在此时刻有电压而无电流,这在直流电是不可想象的。

3. 功率特性

由于在交流电路中纯电感元件不消耗电能,所以它没有有功功率(或称有功功率为零),但是它有无功功率。无功功率所表现的是电感元件与电源之间电能交换的规模,它的计算公式是

$$Q_L = U_L I$$

式中　Q_L——无功功率,var(乏);

　　　U_L——电感两端的电压,V;

　　　I——通过电感的电流,A。

此公式在形式上与电功率的公式是一样的。虽然纯电感元件本身不消耗电能,但是它仍然要从电源取用能量,它仍然是电源的"负担"。

【例 2-4】　设电路的输入电压为 220V,电感的感抗为 10Ω,试求电路的电流和无功功率。

【解】
$$I = \frac{U}{X_L} = \frac{220}{10} = 22A$$

$$Q_L = U_L I = 220 \times 22 = 4840var$$

三、纯电容电路

在实际的交流电路中,电容的应用也很广泛,如电气工程中的电力电容器,可以调节电网的功率因数。实际的电容器,极板的引线等所带来的电阻很小,像这样电阻可以忽略的电容称纯电容元件,只包含纯电容元件的电路称纯电容电路,如图 2.16 所示。

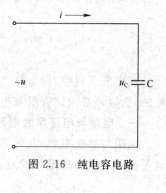

图 2.16　纯电容电路

1. 容抗

电容在直流电路中,电流不能通过,起到隔离直流电的作用。电容在交流电路中,电流却可以通过,它的作用如电感一样,起限流的作用,表现如一个电阻,称容抗,其电抗值为

$$X_C = \frac{1}{2\pi f C} \tag{2-16}$$

式中　X_C——容抗,Ω;

　　　f——交流电的频率,Hz;

　　　C——电容,F(法拉)。

电容与电感相似,阻抗的大小与交流电的频率有关,只不过是呈反比例关系。纯电容在交流电路中也有存储电能的功能,在电容与电源之间发生不断的能量交换,而不消耗电能。这一点与电感元件类似,但由于电容元件是以电场能形式存储电能,所以通过电容的电流比电压超前 90°,与电感元件正好相反。

2. 电压与电流关系

综上所述,在纯电容电路中电压与电流的关系为

频率相同；

电流超前于电压 90°；

电流与电压的数量关系为

$$I = \frac{U_C}{X_C}$$

即容抗与电压和电流的关系符合欧姆定律。

3. 功率特性

与电感元件一样,纯电容的有功功率为零,只有无功功率。无功功率所表现的是电容元件与电源之间电能交换的规模,它的计算公式是

$$Q_C = U_C I$$

式中　Q_C——无功功率,var;

　　　U_C——电容两端的电压,V;

　　　I——通过电感的电流,A。

习　　题

1. 一只电感 $L = 0.5H$ 的线圈,接入 220V、50Hz 的交流电路,试求线圈中的电流和无功功率。如果将它接到 220V、100Hz 的电路中,线圈中的电流是多少?

2. 试求电容 $C = 30\mu F$ 的电容器在 220V、50Hz 交流电路中的容抗值和电流。

第五节　　电阻与电感的串联电路

在电气工程中,像电机类的电感元件占的比重很大,而实际的电感元件的电阻是不能忽略的,所以还必须研究既有电阻又有电感的交流电路,此种电路称电阻与电感的串联电路。

一、电阻与电感串联电路的等效阻抗

电阻与感抗串联,其等效阻抗如何计算? 它不能简单地用电阻与感抗相加的方法计算,这是由于电阻与感抗的性质不同的缘故。它们的等效阻抗用下式计算

$$Z = \sqrt{R^2 + X_L^2} \tag{2-17}$$

式中　Z——阻抗值,Ω;

　　　R——电阻值,Ω;

　　　X_L——感抗值,Ω。

电阻与感抗串联的等效阻抗与电路电压和电流的关系,符合欧姆定律,即

$$I = \frac{U_Z}{Z}$$

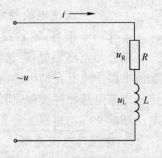

【例 2-5】　在图 2.17 中,如果电阻值为 30Ω,感抗值为 40Ω,试求其串联等效阻抗值是多少? 如果加在电路两端的电压为 220V,通过串联阻抗的电流为多大?

图 2.17　电阻电感串联电路

22

$$\text{【解】} \quad Z = \sqrt{R^2 + X_L^2} = \sqrt{30^2 + 40^2} = 50\Omega$$

$$I = \frac{U_Z}{Z} = \frac{220}{50} = 4.4A$$

二、电压与电流关系

在电阻与电感的串联电路中，由于电阻和电感性质不同，影响到电压与电流呈现较复杂的关系，分述如下。

1. 电压和电流的频率相同。

2. 电压比电流的相位超前 φ 角，φ 角的大小由下式确定

$$\cos\varphi = \frac{R}{Z} \tag{2-18}$$

$$\sin\varphi = \frac{X_L}{Z} \tag{2-19}$$

$\cos\varphi$ 称功率因数，在交流电路中具有十分重要的意义，它是交流电路区别于直流电路的本质特征，关于它的具体内容后面的将有专门的讲述。

3. 电压与电流的数量关系为

$$I = \frac{U}{Z}$$

4. 加在串联阻抗两端的电压与电阻上的电压降和电感上的电压降呈如下关系

$$U_Z = \sqrt{U_R^2 + U_L^2} \tag{2-20}$$

此式告诉我们，在电阻与电感的串联电路中，串联阻抗两端的总电压降与电阻、电感分电压降的关系是矢量和的关系，而非代数和关系。这也是交流电路与直流电路重要区别。

三、功率特性

在电阻与电感的串联电路中，电阻是消耗电能的元件，电感是存储电能的元件，因此它的功率即有有功功率，又有无功功率。

1. 有功功率

有功功率由电阻造成，由下式计算

$$P = U_R I$$

2. 无功功率

无功功率由电感造成，由下式计算

$$Q = U_L I$$

3. 视在功率

在电阻与电感的串联电路中，电源不但要负担电阻所消耗电能的供给，还要负担与电感之间电能交换所占用电能的供给，所以电源的功率既不是单纯的有功功率，也不是单纯的无功功率，用个名称叫视在功率，它的计算公式是

$$S = UI \tag{2-21}$$

式中　S——视在功率，VA 或 kVA；

　　U——电源的输出电压，V；

　　I——电源的输出电流，A。

视在功率与有功功率和无功功率之间的关系是

$$S = \sqrt{P^2 + Q^2} \tag{2-22}$$

23

设
$$\cos\varphi=\frac{P}{S} \tag{2-23}$$

则
$$\sin\varphi=\frac{Q}{S}$$

有功功率、无功功率与视在功率之间的关系还可用下式表示

$$P=S\cos\varphi=UI\cos\varphi \tag{2-24}$$

$$Q=S\sin\varphi=UI\sin\varphi \tag{2-25}$$

式中的 $\cos\varphi$ 被就是功率因数,可以证明功率因数的表达式(2-23)与式(2-18)是相等的。

【例 2-6】 接着例 2-5 的设定条件,计算电路的视在功率、有功功率和无功功率。

【解】
$$S=UI=220\times4.4=968\text{VA}$$

$$\cos\varphi=\frac{R}{Z}=\frac{30}{50}=0.6$$

$$P=S\cos\varphi=968\times0.6=580.8\text{W}$$

$$Q=S\sin\varphi=968\times0.8=774.4\text{var}$$

四、功率因数

式(2-23)告诉我们,功率因数 $\cos\varphi$ 为有功功率与视在功率之比,$\cos\varphi$ 越大功率因数就越高,说明电源的利用率越高。式(2-18)告诉我们,功率因数的出现是由于在交流电路中出现了只占有电能而不消耗电能的电感元件所致。电感元件存在着与电源之间的能量交换,它仍然是电源的"负担",挤占了一部分电源的"资源"。同时电流也要从导线上流过,也要占用导线的"资源"。另外由于线路上有电阻,电流通过时将消耗一定的电能,即无功功率实际上要占用线路的资源和消耗一定的电能。所以在电力供配电系统中,无功负载不产生经济效益,所以供电部门希望整个系统的功率因数尽可能地高,以将无功负荷占用的线路"资源"减少到最小程度,以提高供电线路设备的利用率。

提高功率因数的办法主要是在电阻与电感的串联电路上并联电容器,此时的电容称补偿电容,如图 2.18 所示。并联电容器为什么能提高电路的功率因数?由于电感和电容都是存储电能的元件,但两者存储电能的方式不同,表现在电流与电压的关系上,通过电感的电流在相位上滞后于电压,而通过电容的电流在相位上超前于电压。即当电感吸收电能的时候,恰恰是电容释放电能的时候,而电感释放电能的时候,恰恰是电容吸收电能的时候。这样就可能使本来在电感与电源之间发生的能量交换转移到电容与电感之间来,如此电源的负担得以减少,线路负担和电能消耗也得以减少,达到了提高功率因数的目的。

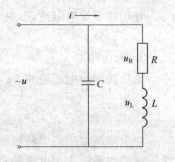

图 2.18 补偿电容电路

习 题

1. 求下图中所示各电路的未知电压值。

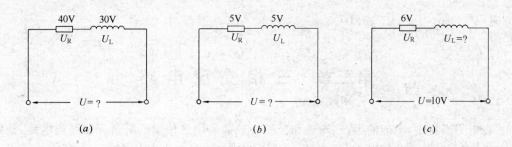

| (a) | (b) | (c) |

2. 把一只电阻不能忽略的线圈接入电压为 48V 的直流电路中,测得通过线圈的电流为 8A;如果将此线圈接入 220V、50Hz 的交流电路中,测得线圈电流为 22A,求线圈的电阻和电感值,并求此段电路的功率因数。

3. 功率因数的意义是什么? 在交流电路中,功率因数低了有什么害处? 如何提高电路的功率因数?

第三章 三 相 交 流 电 路

在电力系统中,电能的生产、输送和分配一般都采用三相制。所谓三相交流电路,是指由三个频率相同、幅值相等、相位互差120°的正弦交流电源供电的电路。为什么要采用三相制交流电供电? 这是因为三相交流电比单相交流电合理可靠、经济实用。例如同样体积的三相交流发电机比单相交流发电机的输出功率高,发电机运行时受力比较均匀,运行平稳;三相制交流电在输送相同功率的电能比单相交流电,线路可节省导线金属25%左右。另外三相交流电动机的结构与单相交流电动机相比也要更合理可靠一些。

第一节 三 相 交 流 电 源

一、三相交流电的产生

三相交流电源是由三相发电机产生的,三相发电机简单说来就是将三个完全一样的单相发电机组装在一个发电机中,当发电机运行时,能同时发出三个单相交流电。由于三相交流发电机的三个绕组在空间呈120°角度的对称排列,并且受同一旋转磁场的切割,所以三相交流电具有相同的频率和幅值,相位互差120°。图3.1为三相发电机的结构示意图和波形图。

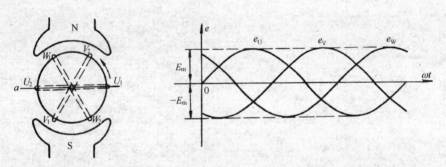

图 3.1 三相交流电的产生和波形图

二、三相交流电源的连接

三相交流发电机有三相绕组,每相有两个端头,三个绕组的始端用 U_1、V_1、W_1 表示,末端用 U_2、V_2、W_2 表示,如图3.1所示。按说输送三个单相交流电应该用六根导线。但是由于三相交流电中的三相电源有着严格对称的相位关系,可以将其末端连接起来,将三根线合并成一根导线输出,由于这根线为各相共用,故称中性线。中性线加上由始端出发的三根导线(称相线,俗称火线),共四根线,这就是输送三相交流电的三相四线制。显然四线制比六线制可节省两根导线,如果三个单相负载功率相差不是很大,由于中性线电流较小,中性线截面还可以比相线的截面小一些,这样节省的导线金属就更多了。对于向三相不对称负载

26

供电,中性线的作用非常重要,如果万一中性线断了,各相电压就会失去平衡,出现严重偏离额定电压的现象。负载轻的相电压将会增高,负载重的相电压将会偏低,从而使各相电器设备不能正常工作,严重的可能受到损坏。所以在电气工程上规定在中性线上不得装设开关和熔断器。为增加供电的可靠性,要求将中性线接地,接地的中性线称零线。

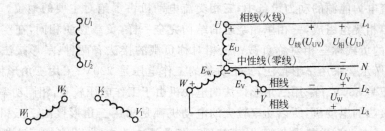

图 3.2 三相四线制星形连接

三相交流电源,按初相位的先后(相序),将相线命名为 L_1、L_2、L_3 相,零线用 N 表示。在需要严格区分相序的场合,将 L_1、L_2、L_3 三根相线用黄、绿、红三种颜色表示,中性线常用黑色或白色导线,称相色。

三相电源如果用六根导线各相隔开独立地送电,电压只有一种,即各单相交流电的相电压,额定值都是 220V,相线与相线之间是不通的,没有电压关系。当采用四线制送电的时候,由于各相电源的末端是连接在一起的,各相电源的相线之间也产生的电压,这个电压称线电压,其值是相电压的 $\sqrt{3}$ 倍,即 $220 \times \sqrt{3} = 380$V,这就是三相四线制有两种电压的原因。

将三相交流电电源的末端连接在一起的连接方法称星形连接,这是低压电力系统(额定电压为 380/220V)采用的接线方式,民用交流电配电系统(包括建筑施工用电系统)都采用这种接线方式。三相交流电源还有一种接线方法称三角形接法,由于一般的民用低压配电系统中不用,本书不作介绍。

三相四线制星形连接的特点可总结如下:

(1)三相四线制的输电导线有四根,三根相线和一根零线;

(2)三相四线制配电系统有两种电压:线电压和相电压,线电压是相线之间的电压,相电压是相线与零线之间的电压,相电压是 220V,线电压是 380V;

(3)线电压是相电压的 $\sqrt{3}$ 倍。

三相四线制交流电的理论内容很多,但是在电气工程应用中,特别是从安装角度看,最有用的知识就是上面总结的三点。

习　题

1. 三相交流电为什么要采用三相四线制方式送电,三相四线制有什么优越性?

2. 在三相四线制供电方式中,为什么会有相电压和线电压两种电压?

3. 在三相四线制供电方式中,中性线上为什么不能装设开关和熔断器? 为防止可能出现的中性线断线事故,电气工程上应采取什么措施?

4. 在需要严格区分各相线的场合,工程上采取给各相线规定颜色的方法,是如何规定的?

第二节　三相负载的连接

一、三相对称负载的连接方法

在以交流电为能源的动力设备中,三相交流电动机占了绝对主要的地位。三相交流电动机由三个单相绕组组成,三相单相绕组的结构完全一样,负载性质相同,在空间呈120°对称排列,这样的负载称三相对称负载。三相对称负载的接法有两种:星形接法和三角形接法,如图3.3所示。采用星形接法,每个负载的工作电压是220V;采用三角形接法,每个负载的工作电压是380V。采用三角形接法的电动机由于工作电压较高,相同功率下它的体积要小于星形接法的电动机,所以功率较大的电动机都是采用三角形接法。三相对称负载除电动机以外,还有大型电热设备等,凡直接用三相交流电为电源,设备由三个性质完全相同的负载组成,这就是三相对称负载。

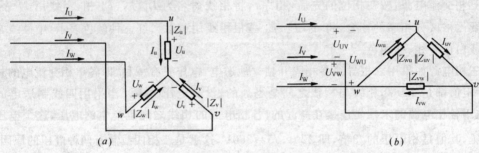

图3.3　三相对称负载的星形和三角形连接

(a)三相对称负载的星形连接;(b)三相负载的三角形连接

三相对称负载,如采用三角形连接,只需接三根相线,零线用不上,此时的输电方式是三相三线制。三相对称负载,如采用星形连接,由于中性线电流为零,可以将零线省去,输电方式也是三相三线制。所以对于三相对称负载,无论是星形或三角形连接,其输电方式都是三相三线制。不过在工程实际中,为了保证供电系统的可靠性,并从安全角度考虑,一般仍采取三相四线制。

二、三相不对称负载的接法

在交流用电设备中,还有大量的单相用电设备,称单相负载。对于功率较大的单相设备群,如果线电流超过60A,低压配电线路要求采用三相交流电供电。单相设备三相供电如何接线呢? 在设计时要求将单相负载尽可能均衡地分为三组,由于在实际运行中,三相负载很难做到完全平衡,所以称三相不对称负载,具体结线方式有两种。多数单相负载额定电压220V,只能接在相线与零线之间,这样的三相不对称负载只能采用星形连接。单相负载的星形接法是大多数民用建筑配电系统的结线方式,如图3.4所示。也有少数单相用电设备的额定电压为380V,例如交流电焊机。这

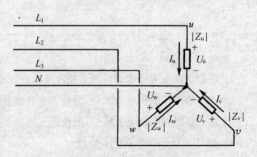

图3.4　三相不对称负载的星形连接

样的单相设备组只能接入相线之间，设计时也要求尽可能地做到在线间均衡分配，这就是三角形接法，如图 3.3 所示。

习　题

　　1. 在 380/220V 的低压配电系统中，为什么无论三相对称负载的内部接线方式如何，其外部供电方式都是三相三线制。

　　2. 对于大多数单相负载，如果采用三相电源供电，为什么只能采用星形连接方式？

第三节　三相交流电路的计算

　　在电气工程中，三相交流电路计算的目的是为配电线路选择导线和低压电器，选择导线和低压电器所需的数据主要有两种，一是通过相线的电流，二是线路上可能产生的电压降。线路电压降的计算将放到第五章去讲述，相线电流的计算又可分两种情况进行，一种是单相交流电路，一种是对称的三相交流电路。

一、单相交流电路的计算

　　相线电流的计算都是在已知线路负载功率的前提下进行的，可按以下公式计算。

$$I = \frac{P}{U_{相}\cos\varphi} \tag{3-1}$$

式中　I——单相交流线路的相电流，A；

　　　P——单相线路的负载，W；

　　$U_{相}$——相电压，V，对单相设备按其额定电压取值；

　　$\cos\varphi$——功率因数。

　　【例 3-1】　某住宅用电设备采用单相供电，用电负载为 4kW，功率因数为 0.9，计算其配电线路干线的电流。

　　【解】　　　　　$I = \dfrac{P}{U_{相}\cos\varphi} = \dfrac{4\times 1000}{220\times 0.9} = 20.1\text{A}$

二、三相交流电路的计算

　　三相交流电路有对称电路和不对称电路，但是在电气工程的设计中，都按三相对称电路对待，三相对称电路的相线电流（电工学上称线电流）的计算公式为

$$I_{线} = \frac{P}{\sqrt{3}U_{线}\cos\varphi} \tag{3-2}$$

式中　$I_{线}$——三相交流电路的相线电流，A；

　　　P——三相线路的负载，W；

　　$U_{线}$——线电压，V。

　　此公式对于星形连接和三角形连接的三相对称线路都适用。

　　【例 3-2】　某住宅楼采用三相交流电源供电，线路负载为 84kW，功率因数取 0.9，试计算其配电线路干线的相线电流。

　　【解】　根据公式（3-2）

$$I = \frac{P}{\sqrt{3}U_{线}\cos\varphi} = \frac{84 \times 1000}{1.73 \times 380 \times 0.9} = 141.4\text{A}$$

【例3-3】 截面积为 6.0mm^2 塑料铜芯线,三相四线制供电,导线穿塑料管暗敷设,其允许载流量为34A,试求此种线路允许接入的三相交流电动机最大功率是多少,电动机功率因数取 0.85,电动机效率取 0.88。

【解】
$$\begin{aligned} P &= \sqrt{3}U_{线}\, I_{线}\cos\varphi\eta \\ &= 1.73 \times 380 \times 34 \times 0.85 \times 0.88 \\ &= 16.72\text{kW} \end{aligned}$$

以上计算出的功率是电动机的额定功率,它是电动机机轴的输出机械功率,不是电动机的输入功率。计算结果表明,该配电线路能负担的电动机功率不得超过 17.77kW。

习　题

1. 在三相对称电路中,相电压的瞬时值表达式为 $u_B = \sin(314t + 150°)$,试写出 u_A、u_C 的瞬时值的表达式。

2. 有一星形连接的三相对称负载,已知各相负载的电阻值 $R = 6\Omega$,电感 $L = 25.5\text{mH}$,把它接入线电压 $U_L = 380\text{V}$,$f = 50\text{Hz}$ 的三相交流电源上,求通过每相负载的电流及负载的总功率。

3. 有一混凝土搅拌机功率为 10.5kW,功率因数为 0.9,效率为 0.89,试计算向该电动机供电的相线电流。

第四章 变 压 器

变压器是电力系统的重要设备,能用来改变交流电电压或电流的大小(改变前后频率相同)和变换阻抗,以便输送电能和满足各类负荷的需要。

变压器的用途广泛,大的如电力系统传输电能的电力变压器、配电变压器、专给炼钢炉供电的电炉变压器、大型电解电镀、直流电力机车供电的整流变压器,小到仪用变压器、控制变压器,直到仅用于传输信号的非常小的无线电变压器。

变压器的种类很多,按绕组的数目分为单绕组变压器(自耦变压器)、双绕组变压器和三绕组变压器;按相数可分为单相变压器和三相变压器。按冷却方式可分为干式变压器(空气冷却)和油浸式变压器(油冷却)。按用途可分为电力变压器、电炉变压器、整流变压器、仪用变压器和无线电变压器。

第一节 变压器的结构和工作原理

一、变压器的结构

变压器由铁芯、绕组、冷却装置、绝缘套管等组成,其中铁芯和绕组是变压器的基本组成部分。

1. 铁芯

变压器的铁芯是由 0.35～0.5mm 厚的涂有绝缘漆的冷轧硅钢片叠成,是变压器的磁路部分,其结构可分为壳式和心式两种,如图 4.1 所示。

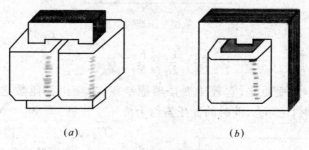

(a)   (b)

图 4.1 变压器结构简图

心式铁芯如图 4.1(a)所示,其绕组套在铁芯的两个边柱上,散热性能好,功率较大的单相变压器和三相电力变压器大多采用这种结构形式。壳式铁芯如图 4.1(b)所示,其绕组套在铁芯的的中柱上,功率较小的单相变压器一般采用这种结构形式。

2. 绕组

变压器绕组一般为绝缘扁铜线或绝缘圆铜线在绕线模上绕制而成,是变压器的电路部分。根据绕组不同连接情况,可将其作如下分类:

（1）按所接对象分：与电源连接的绕组称为原绕组（或一次绕组），与负载连接的绕组称为副绕组（或二次绕组）。

（2）按所接电压分：与高压电网连接的绕组称为高压绕组，与低压电网或负载连接的绕组称为低压绕组。

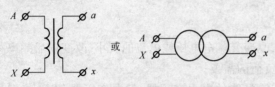

图 4.2　单相变压器的图形符号

图 4.1(b)所示为单相壳式变压器铁芯及绕组。绕组套装在变压器铁芯柱上，低压绕组在内层，高压绕组套装在低压绕组外层，以便于绝缘。

单相变压器常用的图形符号如图 4.2 所示。

二、变压器的工作原理

1. 变压器的空载运行

图 4.3 为变压器空载运行情况（指变压器的原绕组接电源，副绕组不接负载时）。设原绕组接在交流电压 u_1 上，此时原边绕组中的空载电流为 i_0，由于电流 i_0 的磁效应，交变电流 i_0 将会在闭合的铁芯中产生交变的磁通 Φ，由于铁芯的磁导率远大于空气及周围变压器油的磁导率，所以绝大部分磁通沿铁芯而闭合，即可近似认为通过原绕组和副绕组的磁通 Φ 是相同的，根据电磁感应定律，原绕组、副绕组电压之比有以下关系

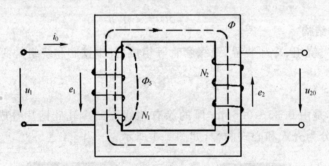

图 4.3　单相变压器的空载运行

$$\frac{U_1}{U_2}=\frac{E_1}{E_2}=\frac{N_1}{N_2}=K \tag{4-1}$$

式(4-1)中 K 称为变压比，它等于变压器原绕组、副绕组的匝数之比，是个常数。当 $N_1>N_2$ 时，$K>1$，则 $U_1>U_2$，此时的变压器称为降压变压器；当 $N_1<N_2$ 时，$K<1$，则 $U_1<U_2$，此时的变压器称为升压变压器。

2. 变压器的负载运行

变压器原绕组接电源，副绕组与负载连接时称为变压器的负载运行，如图 4.4 所示。此时由于电动势 E_2 的作用，在副绕组中便有电流 I_2 流过。根据能量守恒定律，若忽略变压器自身的能量损耗，则可以近似认为变压器原绕组端的输入功率和变压器副绕组端的输出

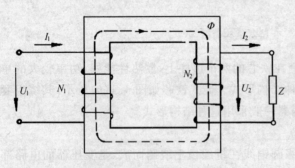

图 4.4　变压器的负载运行

功率是相等的,即

$$U_1 \cdot I_1 = U_2 \cdot I_2$$

$$\frac{I_1}{I_2} = \frac{U_2}{U_1} = \frac{N_2}{N_1} = \frac{1}{K} \tag{4-2}$$

式(4-2)说明变压器负载运行时原绕组、副绕组中流过的电流之比等于匝数的反比,同时也说明变压器还有变换电流的作用,匝数多的高压侧电流小,匝数少的低压侧电流大。

【例4-1】 某变压器原绕组电压 $U_1 = 2860V$,副绕组电压 $U_2 = 220V$,原绕组匝数 $N_1 = 1950$,①求副绕组匝数;②若副绕组侧接入一台 30kW 的电阻炉,求原绕组、副绕组电流 I_1、I_2。

【解】 ①

$$K = \frac{U_1}{U_2} = \frac{2860}{220} = 13$$

$$N_2 = \frac{N_1}{K} = \frac{1950}{13} = 150 \quad (\text{匝})$$

②

$$I_2 = \frac{P_2}{U_2} = \frac{30 \times 10^3}{220} = 136.4 \quad A$$

$$I_1 = \frac{I_2}{K} = \frac{136.4}{13} = 10.5 \quad A$$

习 题

1. 变压器的作用和工作原理是什么?
2. 某单相变压器,额定容量 $S_n = 20kVA$,额定电压为 3300/220V。求原边、副边的额定电流。

第二节 三相变压器

在目前的电力系统中,电能的生产、输送及分配大多是采用三相制,三相变压器的应用非常广泛。

一、三相变压器的结构

三相变压器有两种结构形式:一种是将三台相同的单相变压器的原绕组、副绕组按对称式作三相连接,称为三相变压器组,其结构原理如图 4.5 所示。另一种是将第一种演变而成,在一个公共铁芯上有三个铁芯柱,各相的原绕组、副绕组套在同一个铁芯柱上,称为三相心式变压器,其结构原理如图 4.6 所示,中小容量的三相变压器一般采用心式结构。国家标准规定:高压绕组的端子中,分别用 A、B、C 表示高压绕组的首端,用 X、Y、Z 表示高压绕组的末端;低压绕组的端子中,分别用 a、b、c 表示低压绕组的首端,用 x、y、z 表示低压绕组的末端。图 4.7 为电力系统中常见的三相油浸自冷式电力变压器的外形图。

二、三相变压器绕组的接法

三相变压器绕组的连接方式很多,常见的有 Y/Y0 接法和 Y/△接法,其中分母表示副绕组的连接方法,分子表示原绕组的连接方法。

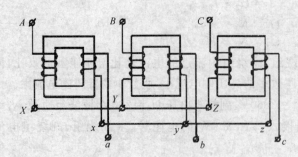

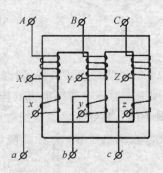

图 4.5　三相变压器组　　　　　　　　　　图 4.6　三相变压器

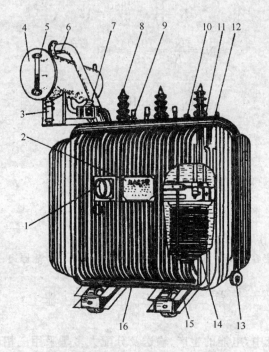

图 4.7　油浸自冷式电力变压器

1—信号式温度计；2—铭牌；3—吸湿器；4—储油器；

5—油表；6—安全气道；7—气体继电器；8—高压套管；

9—低压套管；10—分接开关；11—油箱；12—铁芯；

13—放油阀门；14—线圈及绝缘；15—小车；16—接地板

1. Y/Y0 接法

这是三相变压器中最常见的一种连接方式，即原绕组接成星形，副绕组接成星形且引出中线，如图 4.8 所示，它可以对用户进行三相四线制的供电，主要用于将 6、10、35kV 的高压转换为 380/220V 的三相四线制低压，适用于低压配电网和一般建筑物供电。

2. Y/△接法

这是另一种常见的连接方式，原绕组接成星形，副绕组接成三角形，如图 4.9 所示，它主要用于将 35kV 高压转换为 3.15、6.3、10.5kV 的场合。

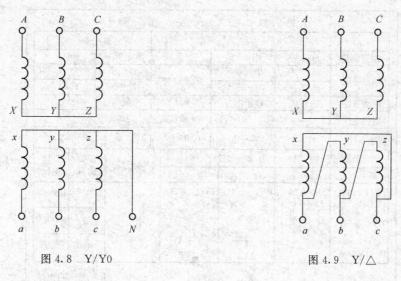

图 4.8   Y/Y0   图 4.9   Y/△

三、三相变压器的铭牌

1. 变压器型号的含义

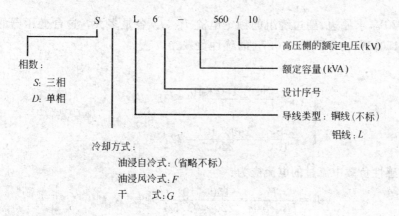

2. 三相变压器的数据

（1）额定电压

变压器在正常运行时,原绕组上所加的电压值称为原绕组的额定电压 U_{1N};当变压器空载运行、原绕组加额定电压时副绕组两端的电压值称为副绕组的额定电压 U_{2N}。三相变压器的额定电压均指线电压。

（2）额定电流

原绕组额定电流 I_{1N} 和副绕组额定电流 I_{2N} 是指变压器长期正常工作时允许通过的电流。相变压器而言,额定电流均指线电流。

（3）额定容量

额定容量 S_N 是指变压器在额定工作条件下的功率输出能力。

单相变压器:$S_N = U_{2N} \cdot I_{2N}$

三相变压器:$S_N = \sqrt{3} U_{2N} \cdot I_{2N}$

【例 4-2】   一台单相变压器,额定容量 $S_N = 160 kVA$,原边、副边绕组的额定电压 $U_{1N} =$

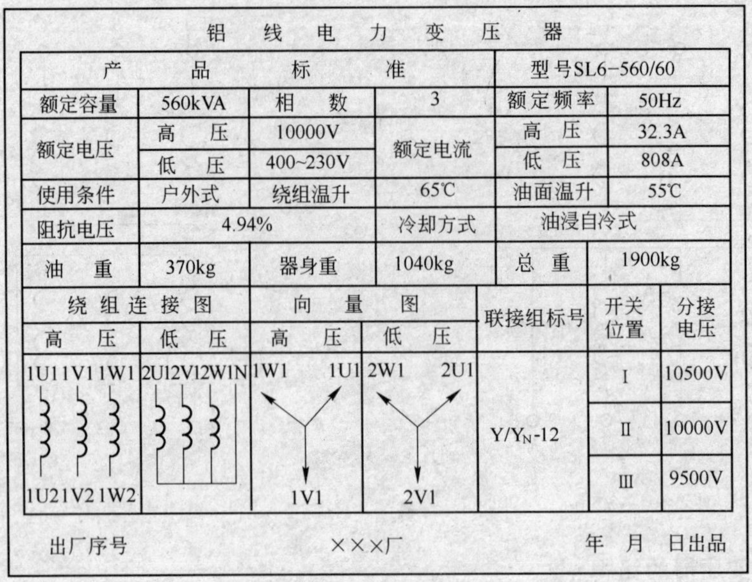

铝 线 电 力 变 压 器

产品标准					型号SL6-560/60	
额定容量	560kVA	相数	3	额定频率	50Hz	
额定电压	高压	10000V	额定电流	高压	32.3A	
	低压	400~230V		低压	808A	
使用条件	户外式	绕组温升	65℃	油面温升	55℃	
阻抗电压	4.94%		冷却方式	油浸自冷式		
油重	370kg	器身重	1040kg	总重	1900kg	
绕组连接图		向量图		联接组标号	开关位置	分接电压
高压	低压	高压	低压			
1U1 1V1 1W1 / 1U2 1V2 1W2	2U1 2V1 2W1 N	1W1 1U1 1V1	2W1 2U1 2V1	Y/Y_N-12	Ⅰ	10500V
					Ⅱ	10000V
					Ⅲ	9500V

出厂序号　　×××厂　　年 月 日出品

图 4.10　变压器铭牌图

6000V，U_{2N}＝220V，求原边、副边绕组的额定电流 I_{1N}、I_{2N} 各是多大？这台变压器的副边绕组端能否接入 150kW，功率因数为 0.75 的感性负载？

【解】

$$I_{1N}=\frac{S_N}{U_{1N}}=\frac{160\times10^3}{5000}=32\quad A$$

$$I_{2N}=\frac{S_N}{U_{2N}}=\frac{160\times10^3}{220}=727.27\quad A$$

150kW 的感性负载中流过的电流应为：

$$I_2=\frac{P}{U_{2N}\cos\varphi}=\frac{150\times10^3}{220\times0.75}=909\quad A$$

由于感性负载中的电流 I_2 大于变压器副绕组输出的额定电流 I_{2N}，所以不能投入运行。

习　题

1. 请解释图 4.7 所示的电力变压器的结构图中标注的 16 个部件的作用。

第三节　常 用 变 压 器

一、自耦变压器

1. 自耦变压器的结构

图 4.11 所示的变压器只有一个绕组，也能变换电压，称为自耦变压器，不过它的绕组中的一部分是原绕组、副绕组的公共电路。如果绕组中间的抽头做成可滑动接触的就可构成一个电压可调的自耦变压器，如图 4.12 所示，通常将这类可调电压的自耦变压器称为自耦

高压器。自耦变压器的工作原理和普通单相变压器的工作原理基本相同,在图 4.10 中,绕组 N_2 即是副绕组,同时也是原绕组 N_1 的一部分,根据变压器原理,自耦变压器也同样满足以下关系:

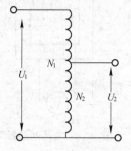

图 4.11　自耦变压器原理

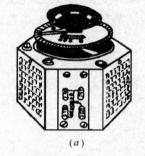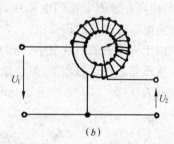

图 4.12　自耦变压器
(a)外形结构;(b)电路原理

$$K = \frac{U_1}{U_2} = \frac{I_2}{I_1} = \frac{N_1}{N_2}$$

自耦变压器可用于升压,也可用于降压。

2. 自耦变压器使用时注意事项

(1) 自耦变压器的变比 K 不能取得太大,通常 $K = 2.5$。

(2) 因为原绕组、副绕组的电路直接连接在一起,副边与原边有电的联系,故不宜用于变压比较大的场合。因为当副边开路时,原边电压会窜入副边容易发生危险。高压侧的电气故障可以波及到低压侧,因此,在低压侧的电器设备必须有防止过高压的措施。

(3) 自耦变压器不准用作安全照明的变压器。

(4) 对于单相变压器,要求把原绕组、副绕组的公用端接零线。如图 4.13。

(5) 自耦变压器接电源前,一定要把手柄转至零位。

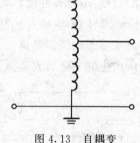

图 4.13　自耦变
压器的正确

二、仪用变压器

专门用于测量仪表的变压器,常用的有电压互感器和电流互感器。

1. 电压互感器

电压互感器是将高电压变换为低电压所用的降压变压器,它的原绕组匝数较多,接在被测电压的电路上,副绕组匝数较少,接一电压表,如图 4.13 所示。因电压表是高阻仪表,因此副绕组相当于开路,此时原副绕组电压的关系为

$$U_1 = \frac{N_1}{N_2} U_2 = K U_2 \tag{4-3}$$

K 为变压比,为已知数,所以只要量出 U_2 就可算得 U_1。通常副绕组电压设计为 100V,对于配套出厂的电压互感器和电压表,可以直接从伏特表读出 U_1 的值,不需进行换算。

因为原绕组是接在高压电路上,因此互感器外壳、铁芯及副绕组的一端都应可靠地接地,以防原绕组与铁芯、外壳及副绕组之间的绝缘损坏时发生危险。同时副绕组不允许短

路,否则互感器将因过热而烧坏,所以在原绕组、副绕组电路中都应接保险丝。

2. 电流互感器

电流互感器是将大电流变换成小电流的变流器,其原绕组匝数很少,串联在欲测电流的电路中,副绕组匝数较多,接一安培表。图4.14为电流互感器的接线图。

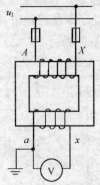

由于安培表的阻抗很小(约 1Ω 以下),因此电流互感器的运行情况与变压器适中运行相似,原绕组、副绕组电流 I_1、I_2 和匝数 N_1、N_2 的关系为

$$I_1=\frac{N_2}{N_1}I_2=KI_2 \qquad (4\text{-}4)$$

图 4.14 电压互感器

式中 $K\geqslant 1$ 称为电流互感器的变流比。式(4-4)说明,原绕组电流(被测线路电流)I_1 可由副绕组电流(安培表读数)I_2 乘以变流比 K 得到。

多数电流互感器副绕组额定电流设计为 5A,此时可配用满标值为 5A 的安培表。对于与电流互感器配套出厂的电流表,可由安培表上直接读出被测线路的电流值。

在电气工程上,除了电流表在测量大电流的时候使用电流互感器外,电度表也常使用电流互感器。在计量大电流电路的消耗电能时,因为没有大容量的电度表,我们常用电流互感器配 5A 电度表的方法来解决。例如一工作电流为 1000A 的电路,没有那么大量程的电度表,我们则使用 1000:5 (200:1)的电流互感器加 5A 的电度表解决。当然在最后计量电能的时候,电度表的读数乘以 200 倍才是真正的耗能值。

必须注意,电流互感器原绕组与负载串联,原绕组电流 I_1 就是负载电流,它的大小不受电流互感器副绕组电流 I_2 的影响,当电流互感器在额定状态运行时原绕组电流 I_1 在铁芯中所产生的主磁通大部份为副绕组电流 I_2 所抵消。如果副绕组断路,即 $I_2=0$,但 I_1 并不减小,那么 I_1 在铁芯产生的磁通未被抵消,故铁心中的磁通将急剧增加而引起铁芯过热,从而损坏互感器;此外,副绕组的感应电动势 E_2 和磁通的幅值成正比,因此副绕组开路时的端电压可高达 1000V 左右,这对工作人员是有危险的。所以

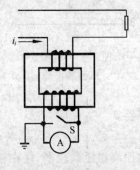

(1)电流互感器的副电路决不允许断路(即不接仪表而让两端头空着)。

(2)在副电路内也不准许接保险丝。如须将仪表从副绕组上拆下,一定要先将副绕组短路或切断原电路。

图 4.15 电流互感器

(3)铁芯和副绕组的一端必须接地。

习 题

1. 电压互感器的作用是什么? 用来测量 10kV 高压电路的伏特计,应选用变压比为多少的电压互感器?

2. 电流互感器的作用是什么? 用来测量 1000A 电路的电流计,应选用变流比为多少的电流互感器?

第五章 异步电动机

　　按电动机使用的电源不同,可分为直流电动机和交流电动机两大类。因直流电源不易获得,所以直流电动机在生活生产中的应用不太广泛。在交流电动机中,应用最广泛的是异步电动机(又称感应电动机),它具有结构简单,运行可靠、价格低廉的特点,被广泛应用在工农业生产以及人们的日常生活中。异步电动机按其结构不同又可分为鼠笼式异步电动机和绕线式异步电动机,外形如图 5.1 所示。同时,电网中的异步电动机 70% 以上是中小型,故本章主要讲述中小型鼠笼式异步电动机。

(a)　　　　　　　　　　　　　(b)

图 5.1　三相异步电动机外形图
(a)鼠笼式异步电动机;(b)绕线式异步电动机

第一节　三相异步电动机的结构

一、三相异步电动机结构
　　如图 5.2 所示,鼠笼式异步电动机的基本结构是由定子和转子以及其他零部件组成。

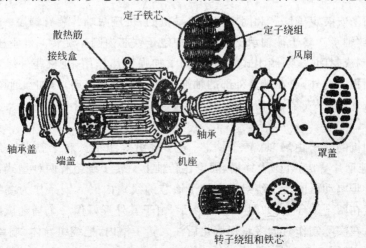

图 5.2　小型鼠笼式异步电动机的典型结构

1. 定子

定子是电动机的不动部分,它由定子铁芯、定子绕组和机座等几部分组成。机座用铸铁制成,定子铁芯和定子绕组固定于其上,使之稳固。

(1) 定子铁芯

定子铁芯是电动机磁路的一部分,为了减少磁场在铁芯中引起的涡流损耗和磁滞损耗,铁芯采用两面经过绝缘处理的硅钢片叠装压紧而成,硅钢片的厚度一般在 $0.35\sim0.5$ mm 之间。其内圆周上均匀地冲有槽孔,因而在定子铁芯内圆周上形成了均匀分布的轴向线槽,用来放置定子绕组,绕组与槽之间用绝缘物隔开,图5.3是已装入机座的定子铁芯和定子铁芯叠片外形图。

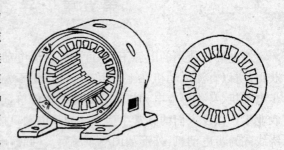

图5.3 机座、定子铁芯和定子铁芯叠片

(2) 定子绕组

定子绕组是用带有绝缘包皮的电磁导线(如漆包铜线等)绕成匝数相同的线圈,再按一定的规律将全部线圈连接成三组匝数相同、对称分布于铁芯内圆周上的绕组,每个绕组都有

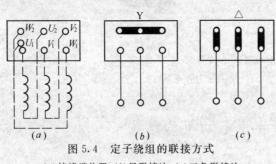

图5.4 定子绕组的联接方式

(a)接线端位置;(b)星形接法;(c)三角形接法

两个出线端,首端用 A、B、C 表示,分别接在机座接线盒端子板 U_1、V_1、W_1 三个端子上;末端用 X、Y、Z 表示,分别接在机座接线盒端子板 U_2、V_2、W_2 三个端子上,由于末端采取了错位引出,U_2、V_2、W_2 在端子板上的排列次序从左至右分别为 W_2、U_2、V_2,因此在实际接线时,可以很方便地将三相定子绕组接成星形或三角形,如图5.4所示。

(3) 机座

机座是用来安装定子铁芯和固定整个电动机的,机座两端各装有端盖一个,端盖上有轴承孔,用来安放轴承。转子被轴承支撑着,可在定子铁芯内圆中旋转。机座和端盖组成电动机外壳,它可制成封闭式、防滴水式等型式,为了加强散热作用,在机座外缘上铸有散热筋,以增加散热面积。此外,还在端盖外部的轴端上加装了个外风扇,以加强通风散热作用。外风扇用风罩盖着,以保安全,并使风沿轴向流通。

2. 转子

异步电动机的转子由转轴、转子铁芯、转子绕组等组成。转子铁芯一般也由 $0.35\sim0.5$ mm 厚的硅钢片叠成,外圆上冲槽,固定在转轴上。转子绕组有两种型式:鼠笼式和绕线式。鼠笼式异步电动机的转子绕组是在转子铁芯的线槽内嵌入铜条作为绕组导体,铜条的两端分别焊接在两个端环上,如图5.5(a)所示,由于其外形好像一个捕老鼠的笼子,故称为鼠笼式转子。在实际制作时大多将铝熔化后注入转子槽内,把绕组导体、端环以及风扇叶片一次浇注成形,如图5.5(b)所示。

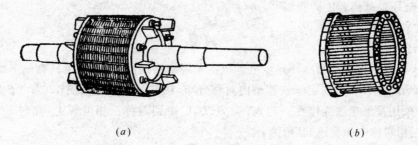

(a)   (b)

图 5.5　鼠笼式转子

(a)鼠笼式绕组；(b)铸铝鼠笼式转子外形

习　题

1. 解释异步电动机的结构中定子和转子的含义，解释"鼠笼式异步电动机"名称中"鼠笼"的含义。

第二节　三相异步电动机的工作原理

一、基本原理

三相异步电动机接入三相交流电源后，转子为什么会转动起来呢？为了说明异步电动机的基本原理，先作一个简单的实验。

图 5.6 中，在一个装有手柄的蹄形磁铁的两极间放置一个鼠笼转子，磁铁与转子之间没有任何机械联系，当摇动手柄使蹄形磁铁旋转时，将发现鼠笼转子会跟着旋转；若改变磁铁的转向，则鼠笼转子的转向也跟着改变。

上述实验现象可用图 5.7 解释，根据法拉第电磁感应定律，当闭合导体与磁场之间有相对运动（即闭合导体在磁场中切割磁感线）时，闭合导体中会产生感应电流，假设手柄带动蹄形磁铁逆时针旋转，则相当于鼠笼转子顺时针旋转，由右手定则可知转子中的感应电流如图中所示。感应电流又使鼠笼转子受到电磁力的作用，由左手可判断电磁力的方向，从图中很明显地可以看出电磁力的方向与磁铁的旋转方向相同，于是鼠笼转子在就沿磁铁的旋转方向转动起来，这就是异步电动机的基本原理。

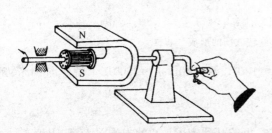

图 5.6　旋转磁场拖动鼠笼转子旋转

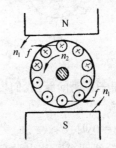

图 5.7　鼠笼转子中感应电流方向

由以上实验可知：只要有了旋转磁场，鼠笼转子就能转动起来，而且鼠笼转子的旋转方向与旋转磁场的旋转方向相同。因此可以说，三相异步电动机是依靠旋转磁场来工作的。

那么,旋转磁场是怎样产生的呢?

二、旋转磁场

1. 旋转磁场的产生

图 5.8 是一个最简单的三相异步电动机定子绕组接线图,每相绕组只有一个线圈,三个线圈 $A—X$、$B—Y$、$C—Z$ 在定子铁芯槽内对称分布,在空间上彼此相隔 120°,三个绕组的末端 X、Y、Z 采用星形接法连接在一起,首端 A、B、C 接到对称三相电源上,此时三个定子绕组中便有三相对称电源流过,其值为:

$$i_A = I_m \sin\omega t$$
$$i_B = I_m \sin(\omega t - 120°)$$
$$i_C = I_m \sin(\omega t + 120°)$$

为研究方便,通常规定:电流从绕组首端流入时为正值;电流从绕组首端流出时为负值。其波形如图 5.9 所示,三相交流电进入电动机定子线圈后,形成如图 5.10 所示的会旋转的磁场。在图示分析中以符号"⊗"表示电流垂直于纸面流入,以符号"⊙"表示电流垂直纸面流出。

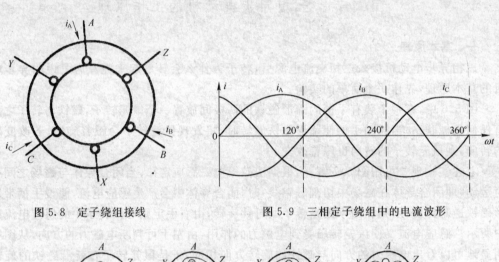

图 5.8 定子绕组接线   图 5.9 三相定子绕组中的电流波形

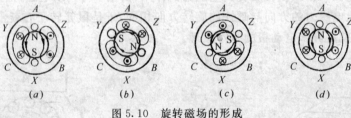

图 5.10 旋转磁场的形成

为了便于说明问题,我们取 $\omega t = 0°$,$\omega t = 120°$,$\omega t = 240°$,$\omega t = 360°$ 几个特殊时刻来进行分析:

(1) $\omega t = 0°$ 时:

i_A 为 0,线圈 $A—X$ 中没有电流;i_B 为负,电流从线圈 $B—Y$ 的末端 Y 流入,从首端 B 流出;i_C 为正,电流从线圈 $C—Z$ 的首端 C 流入,从末端 Z 流出。根据右手螺旋定则可判断出其合成磁场如图 5.10(a)所示。

(2) $\omega t = 120°$ 时

i_B 为 0,线圈 $B—Y$ 中没有电流;i_A 为正,电流从线圈 $A—X$ 的首端 A 流入,从末端 X 流出;i_C 为负,电流从线圈 $C—Z$ 的首端 C 流出,从末端 Z 流入。根据右手螺旋定则可判断出其合成磁场如图 5.10(b)所示,可以看出,合成磁场的方向在空间上沿顺时针旋转了 120°。

（3）$\omega t = 240°$ 时

i_C 为 0,线圈 $C—Z$ 中没有电流;i_B 为正,电流从线圈 $B—Y$ 的首端 B 流入,从末端 Y 流出;i_A 为负,电流从线圈 $A—X$ 的首端 A 流出,从末端 X 流入。根据右手螺旋定则可判断出其合成磁场如图 5.10(c)所示,可以看出,与图 5.10(a)比较,此时的合成磁场的方向在空间上沿顺时针已旋转了 240°。

（4）$\omega t = 360°$ 时

此时电流情况与 $\omega t = 0°$ 时相同,其合成磁场如图 5.10(d)所示,可以认为,与图 5.10(a)比较,此时的合成磁场的方向在空间上沿顺时针已旋转了 360°。

从以上分析可以得出以下结论:当三个相隔 120° 的定子绕组中通过三相对称交流电流时,将产生一个旋转磁场(图 5.10 中的合成磁场都只有两个磁极,即只有一对磁极)。

2. 旋转磁场的转向

旋转磁场的旋转方向与三个绕组 $A—X$、$B—Y$、$C—Z$ 中所通三相电流的相序有关,在图 5.8 中三个绕组 $A—X$、$B—Y$、$C—Z$ 分别接在三相电源 A、B、C 上,此时旋转磁场按顺时针方向旋转;如改变这种接法,使三个绕组 $A—X$、$B—Y$、$C—Z$ 分别接在三相电源 A、C、B 上,此时旋转磁场按逆时针方向旋转。

在上述分析中,我们得到的是一个只有一对磁极的旋转磁场,当三相交流电源变化一个周期时,这种旋转磁场刚好在空间旋转一周。在实际应用中常要用到多对磁极的异步电动机,多对磁极是由定子绕组采用一定的结构和接法而得到的。经证明,当电源频率为 f 时,具有 p 对磁极的旋转磁场的转速为:

$$n_1 = \frac{60f}{p} \tag{5-1}$$

式中　n_1——旋转磁场的转速,r/min(转每分);

　　　f——电源频率,Hz;

　　　p——旋转磁场的磁极对数。

我们将旋转磁场的转速 n_1 又称为同步转速,由于我国交流电的频率 f 为 50Hz,因此,不同磁极对数的电动机所对应的同步转速见表 5-1。

不同磁极对数电动机的同步转速　　　　　　　　　　　　　　　　　　表 5-1

p(对)	1	2	3	4	5
n_1(r/min)	3000	1500	1000	750	600

3. 转差率

如图 5.6 所示,如果鼠笼式异步电动机的定子中获得了一个旋转磁场,那么鼠笼式转子将会受到一个电磁力的作用而跟随旋转磁场旋转起来。很明显,转子的转速 n 不可能达到同步转速 n_1。因为如果转子的转速达到了同步转速,则转子绕组与旋转磁场之间就没有相对运动,因而转子绕组将不再切割磁感线,转子绕组中也就不可能产生感应电流,转子不再受到电磁力矩的作用,也就不能运转下去。可见,电动机的转子转速 n 永远低于同步转速 n_1。这就是这种电动机称为异步电动机的原因,又因其转子电流是由电磁感应而产生的,故又称感应电动机。

通常把旋转磁场对转子的相对转速(n_1-n)与旋转磁场的转速 n_1 之比叫做异步电动机的转差率,用 s 表示,即

$$s=\frac{n_1-n}{n_1}\times100\%\tag{5-2}$$

在电动机启动瞬间,转子不动,即 $n=0$,则 $s=1$;如果假设转子以同步转速转动,即 $n=n_1$,则 $s=0$,因此 $0<s\leqslant1$,电动机在额定运行时,其转差率 s 约为 $2\%\sim6\%$。

习　题

1. 解释"异步电动机"名称中"异步"的含义,为什么异步电动机的转子转速 n 总是小于同步转速 n_1?

2. 一台 Y-180L-4 型异步电动机,额定转速为 1440r/min,电源频率为 50Hz,求电动机的同步转速、额定转差率和磁极对数。

第三节　三相异步电动机的机械特性

一、三相异步电动机的机械特性曲线

电动机在旋转时,作用在转轴上的有两种转矩,一种是电动机产生的电磁转矩,一种是机械负载作用在转轴上的反抗转矩 M_F,反抗转矩的方向与转子旋转方向(即电磁转矩的方向相反)。

异步电动机的机械特性曲线是表示电动机的转速与其电磁转矩之间关系的曲线,如图 5.11 所示,图中横坐标表示电磁转矩,纵坐标表示电动机的转速。电动机从启动到正常运行的过程分析如下:

1. 启动过程

电动机在接通三相电源的启动瞬间,即 $n=0$ 时的电磁转矩称为启动转矩 M_q,如果 $M_q<M_F$,则电动机无法启动;如果 $M_q>M_F$,则电动机的转速 n 将不断上升,电动机的电磁转矩 M 从 M_q 开始沿着机械特性曲线的 dc 段上升,经过最大转矩 M_{max} 后又沿 cb 段逐渐减小。到达 $M=M_F$ 时,电动机以稳定的转速运行在 b 点。

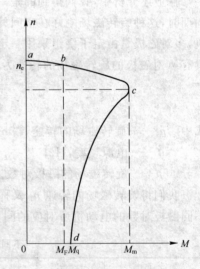

图 5.11　异步电动机的机械特性曲线

2. 正常运转过程

当转轴上的机械负载增大时,反抗转矩将大于电磁转矩,电动机的转速下降,于是转子与旋转磁场之间的转速差增大,从而引起转子导体中的感应电流增大,电动机的电磁转矩 M 随之增大,当 M 增大至与 M_F' 相等时,转子转速就不再下降,电动机以较低的转速稳定运转。

同理,当转轴上的机械负载减小时,电动机的转速将会上升,电磁转矩随之减小,直至与反抗转矩达到新的平衡为止,电动机以较高的转速稳定运行。

从以上分析可知,在特性曲线的 ca 段,当负载增加时,电动机转速下降;当负载减小时,电动机转速上升,其运行状态可以进行自动调节,我们将 ca 这一运行区域称为电动机稳定工作区,从图 5.11 中可以看出,ca 这一曲线段几乎是一条下降极为缓慢的直线,表示当机械负载变化时,其转速随之变化,但变化不大。我们将负载变化时电动机的转速变化不大的特性称为硬特性。

在机械特性曲线中的 cd 段中,如果转速 n 上升一点,则电磁转速 M 随之增大,转速 n 将进一步上升,工作点沿 dc 段迅速上升经 c 点后最终稳定运行在 b 点;如果转速 n 下降一点,则电磁转矩 M 随之减小,转速 n 将进一步下降,如此恶性循环,最终导致"停车"现象的发生。"停车"现象发生时,如果不及时切断电源,将造成电动机绕组烧毁的事故。因此,我们将 cd 段称为电动机的非稳定工作区。

二、三相异步电动机运转时的相关参数

1. 额定转矩 M_e

额定转矩 M_e 是指电动机在额定状态下工作时,转轴上输出的转矩。

$$M_e = 9550 \frac{P_e}{n_e} \tag{5-3}$$

式中 P_e——电动机的额定功率 单位 kW;

n_e——电动机的额定转速,单位 r/min。

【例 5-1】 已知甲乙两台电动机,额定功率都是 50kW,额定转速分别是 980r/min 和 2960r/min,求它们的额定转矩。

【解】 根据公式(5-3)

$$M_{e甲} = 9550 \frac{P_{e甲}}{n_{e甲}} = 9550 \times \frac{50}{980} = 487.2 \quad (N \cdot m)$$

$$M_{eZ} = 9550 \frac{P_{eZ}}{n_{eZ}} = 9550 \times \frac{50}{2960} = 161.3 \quad (N \cdot m)$$

从计算结果可以看出,额定功率相同的电动机,转速低者转矩大,转速高者转矩小。

2. 过载能力 λ

异步电动机的额定转矩 M_e 应小于最大转矩 M_{max},最大转矩 M_{max} 与额定转矩 M_e 的比值,叫做电动机的过载能力。

$$\lambda = \frac{M_{max}}{M_e} \tag{5-4}$$

一般的异步电动机的过载能力在 1.8~2.5 之间

3. 启动转矩 M_q

电动机的启动转矩是指电动机刚启动瞬间($n=0,s=1$)的转矩。启动转矩与额定转矩之比称为启动能力,用启动转矩倍数来表示,是表明异步电动机启动性能的重要指标。

$$启动转矩倍数 = \frac{M_q}{M_e} \tag{5-5}$$

空载或轻载启动的电动机,启动能力为 1.0~1.8,一般电动机的启动能力为 1.5~2.4,在重负荷下启动的电动机要求有大的启动转矩,固其启动能力可达 2.6~3.0。

习　　题

1. 一台三相异步电动机,其频率为 50Hz,额定转速为 2890r/min,额定功率为 7.5kW,最大转矩为 50.96N·m,求电动机的过载能力。

第四节　三相异步电动机的启动

一、三相异步电动机启动时的特点

电动机从接通电源开始,转速从零增加到额定转速的过程称为启动过程。

1. 启动电流

电动机刚启动的瞬间,由于转子尚未转动($S=1$),旋转磁场与转子间的相对转速最大,在转子绕组中将会产生一个很大的感应电流。此时,定子绕组中的电流(启动电流)相应也随之变得很大,一般可达额定电流的 4～7 倍,启动电流与额定电流之比称为启动电流倍数,是表示电动机启动性能的重要指标之一。

大的启动电流是不利的,其主要危害是:

(1) 使线路产生很大的电压降,会影响到安装在同一条线路上的其他用电设备的正常工作。例如:电动机启动过程中,照明灯光突然变暗;邻近的电动机转速突然降低,甚至停转;正在启动的电动机会因转矩太小而不能启动。

(2) 过大的启动电流会使电动机定子绕组过热,因而会损坏绕组的绝缘。由于一般电动机启动过程短暂,所以尽管启动电流值远大于额定电流值,也不至于引起电动机过热。但如果电动机启动频繁,则会加速电动机绝缘物的老化,使电动机因过热而损坏。

2. 启动转矩

异步电动机启动时,启动电流很大,但启动转矩并不太大,仅为额定转矩的 1～2 倍。如果启动转矩过小,则带负载启动就很困难,或虽可启动,但势必造成启动过程过长,使电动机过热。

可见异步电动机启动时的主要问题是启动电流大,启动转矩不太大。为了限制启动电流,并得到适当的启动转矩,对不同的电动机应采用不同的启动方法。

二、鼠笼式异步电动机的启动方法

1. 直接启动(全压启动)

直接启动是在异步电动机的定子绕组上直接加上额定电压使之启动的方法,又称全压启动,如图 5.12 所示。这种启动方法设备简单,操作便利,启动过程短,经济,但启动电流大,会引起电网电压下降,如果电源容量(即变压器容量)足够大,异步电动机的功率在 7kW 以下,可以采用直接启动法。

启动时的操作要领:要求用一定的速度合上三刀开关,务使三个刀同时接入电源,此时电机转子应立即转动起来,若不转动并发出咕咕声响时,这表明有一相绕组没电,应随手将开关拉开,检查原因,待排除故障后,再重作启动。

一般情况下,电源的容量能否允许电动机在额定电压下直接启

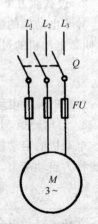

图 5.12　直接启动
接线原理图

动,可以用下面的经验公式来确定:

$$\frac{I_q}{I_N} \leqslant \frac{3}{4} + \frac{S_N}{4P_N} \qquad (5\text{-}6)$$

式中　I_q——启动电流,A;

　　　I_N——额定电流,A;

　　　S_N——电流变压器的额定容量,kVA;

　　　P_N——电动机的额定功率,kW;

（注：I_q 与 I_N 的比值可从产品样本中查出。）

2. 降压启动

当电动机容量较大或启动频繁时,一般采用降压启动法。所谓降压启动,是指在启动时降低定子绕组上的电压,启动完毕即转子转速上升到接近额定转速时,再加上额定电压投入运行。但由于 $M \propto U_1^2$,降压启动时的启动转矩将会大大减小,因此降压启动法只适用于电动机空载或轻载情况下的启动。

常用的降压启动法有以下几种:

3. Y/△启动法

对正常运行时采用 △ 接法的异步电动机,可以采取在启动时,将三相定子绕组接成 Y 形,待启动完毕转子转速上升到接近额定转速时,再将定子绕组接成 △,这种启动方法称为 Y/△启动法。其接线原理图如图 5.13 所示。在启动时,开关 SA_2 把定子绕组接成 Y 形,这时,每相绕组所承受的电压为只有 △ 接法时的 $1/\sqrt{3}$,启动时的线电流只有 △ 形接法的 1/3。待电动机转速接近额定转速时,再通过开关把定子绕组迅速改接成 △ 形接法,电动机便在额定电压下速运行。

Y/△启动法的优点是启动设备体积小,动作可靠。目前,4~100kW 的异步电动机都已设计成 380V、△ 连接,因此,Y/△启动法得到了广泛的应用。

4. 自耦降压启动法

如果鼠笼式电动机的定子绕组在正常运转时作 Y 连接,那么就不能使用 Y/△启动法,这时可使用另一种普遍使用的自耦变压器降压启动法启动。自耦变压器降压启动的原理如图 5.14 所示。图中 SA_2 是转换开关,启动时,将 SA_2 扳向"启动"一侧,自耦变压器接入电

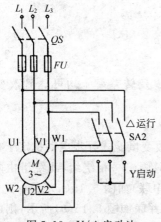

图 5.13　Y/△启动法

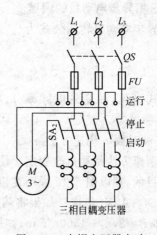

图 5.14　自耦变压器启动

源,自耦变压器抽头(副绕组)经另一组接点接到电动机定子绕组上。启动完毕,将开关扳向"运行"一侧,自耦变压器被切除,同时将电动机绕组直接接到电源上,电动机投入正常运转。

这种启动方法需要一台专用的三相自耦变压器,因而体积大、造价高、检修比较麻烦,只用于容量较大或正常运行时接成丫形而不能采用丫/△接法的鼠笼式异步电动机。

三、电动机启动时应注意的问题

1. 合闸启动前,应观看电动机及拖动机械上或附近是否有异物,以免发生人身及设备事故。

2. 电动机接通电源后,如果发现电动机不能启动或启动时转速很低以及声音不正常等现象,应立即切断电源,对高压异步电动机应进行试启动,查看其转动方向是否正确。

3. 启动多台电动机时,应按容量从大到小一台一台地启动,不能同时启动,以免启动电流过大使断路器跳闸。

4. 对于笼型电动机的星形——三角形启动或自耦减压启动,若是手动延时控制的启动设备,应注意启动操作顺序和控制好延时长短。对于绕线型电动机的启动。更应注意启动操作程序和观察启动过程是否正常。否则两种电动机都达不到降压启动的目的。

5. 电动机应避免频繁启动或尽量减少启动次数,防止因启动频繁而使电动机发热,影响电动机的使用寿命。对于小型电动机,在冷态时不得超过 3~5 次,在长期工作后的热态下,停机不久再启动时,连续启动不得超过 2~3 次。对于中型电动机,在冷态时连续启动不应超过两次,热态下只允许 1 次启动,以免电动机过热。影响使用寿命。对启动时间不超过 2~3s 的电动机,可多启动一次。

习　　题

1. 鼠笼式异步电动机有哪些启动方法? 各有什么优缺点?

第五节　三相异步电动机的调速、反转控制与铭牌

一、三相异步电动机的调速

三相异步电动机转速公式为

$$n_1 = \frac{60f}{p} \tag{5-7}$$

从上式可见,改变供电频率 f、电动机的极对数 p 及转差率 s 均可达到改变转速的目的。

1. 变极对数 p 调速方法

这种调速方法是通过改变定子绕组的接线方式来改变鼠笼式异步电动机定子极对数 P 达到调速目的,现以图 5.15 说明变极调速原理。图中只画出一相绕组,此绕组由两个相同的线圈 $A_1 X_1$、$A_2 X_2$ 组成。如果将两个绕组首尾相连(串联)如图 5.15(a)所示,此时产生 4 个磁极,即 $P=2$,$n_1=1500\text{r/min}$;如果将两个绕组反向并联如图 5.15(b)所示,则此时只产生 2 个磁极,即 $p=1$,$n_1=3000\text{r/min}$。

变极调速法特点如下：

（1）具有较硬的机械特性，稳定性良好；

（2）无转差损耗，效率高；

（3）接线简单、控制方便、价格低；

（4）有级调速，级差较大，不能获得平滑调速。

本方法适用于不需要无级调速的生产机械，如金属切削机床、升降机、起重设备、风机、水泵等。

可以改变磁极对数从而具有几种不同额定转速的电动机称为多速电动机。变极调速只限于特制的多速电动机，一般电动机不能实现。多速电动机均采用鼠笼式转子。

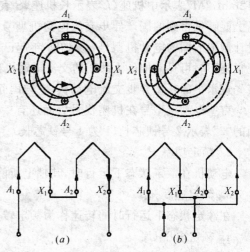

图 5.15　改变磁极对数 p 的调速方法

2．变频调速方法

变频调速是改变电动机定子电源的频率，从而改变其同步转速的调速方法。变频调速系统主要设备是提供变频电源的变频器，变频器可分成交流—直流—交流变频器和交流—交流变频器两大类，目前国内大都使用交流—直流—交流变频器。其特点：

（1）效率高，调速过程中没有附加损耗；

（2）应用范围广，可用于鼠笼式异步电动机；

（3）调速范围大，调速平稳，精度高；

（4）技术复杂，造价高，维护检修困难。

本方法适用于要求精度高、调速性能较好的场合。

4．改变转差率调速

通过改变外加电源电压，可以使转差率得到改变，从而改变电动机的转速。过去应用的设备是调压器或串联电抗器，目前多采用晶闸管元件调压，此种方法多用于高转差率且容量在 10kW 以下的鼠笼式异步电动机。

二、三相异步电动机的反转

因异步电动机转子的转向与旋转磁场的旋转方向是一致的，而旋转磁场的转向取决于三相电流的相序。所以只要将接在定子绕组上的三根电源线中的任意两根对调，即可改变旋转磁场的旋转方向，实现电动机的反转。

三相异步电动机			
型号	Y112M-4	编号	
4.0kW		8.8A	
380V	1440 r/min	LW	82dB
接法 △	防护等级 IP44	50Hz	45kg
标准编号	工作制 SI	B级绝缘	2000年8月
中原电机厂			

图 5.16　三相异步电动机铭牌图

三、三相异步电动机的铭牌

三相异步电动机的铭牌一般形式如图 5.16 所示。现将铭牌的含义简单描述：

图 5.16 中各项数据含义如下：

1．型号

Y112M-4 中"Y"表示 Y 系列鼠笼式异步电动机（YR 表示绕线式异步电动机），"112"表示电机的中心高为

112mm，"M"表示中机座（L 表示长机座，S 表示短机座），"4"表示 4 极电机。目前在我国市场上能够见得到的国产异步交流电动机型号有 J 系列和 Y 系列，J 系列电动机是我国自行设计制造的旧的电动机型号，从 1985 年起已停止生产了。但由于电动机的使用寿命较长，现在还不时可见有旧的 J 系列的交流电动机出售。Y 系列是我国按 IEC 标准设计生产的具有先进水平的新型异步交流电动机，它与国际上同类产品有较好的互换性。

有些电动机型号在机座代号后面还有一位数字，代表铁芯号，如 Y132S2-2 型号中 S 后面的"2"表示 2 号铁芯长（1 为 1 号铁芯长）。

2. 额定功率 P_N

电动机在额定状态下运行时，其轴上所能输出的机械功率称为额定功率，单位为 kW。

3. 额定速度 n_N

在额定状态下运行时的转速称为额定转速，单位为 r/min。

4. 额定电压 U_N

额定电压是电动机在额定运行状态下，电动机定子绕组上应加的线电压值。Y 系列电动机的额定电压都是 380V。凡功率小于 3kW 的电机，其定子绕组均为星形连接，4kW 以上都是三角形连接。

5. 额定电流 I_N

电动机加以额定电压，在其轴上输出额定功率时，定子从电源取用的线电流值称为额定电流。

6. 防护等级

指防止人体接触电机转动部分、电机内带电体和防止固体异物进入电机内的防护等级。

防护标志 IP44 含义

IP—特征字母，为"国际防护"的缩写；44—表示 4 级防固体（防止大于 1mm 固体进入电机）和 4 级防水（任何方向溅水应无害影响）。

7. LW 值

LW 值指电动机的总噪声等级。LW 值越小表示电动机运行的噪声越低。噪声单位为 dB。

8. 工作制

指电动机的运行方式。一般分为连续工作（代号为 S1）、短时工作（代号为 S2）、断续工作（代号为 S3）三种方式。

9. 额定频率

电动机在额定运行状态下，定子绕组所接电源的频率，叫额定频率。我国规定的额定频率为 50Hz。

10. 接法

表示电动机在额定电压下，定子绕组的连接方式（星形连接和三角形连接）。此电动机定子绕组接成 △ 形。

习　题

1. 鼠笼式异步电动机有哪些调速方法？

2. 本节铭牌所示 Y112M-4 异步交流电动机的功率因数为 0.82,根据铭牌所列数据计算该电动机的效率。

*第六节 水 位 自 动 控 制

水位自动控制是电动机启动运行控制在给排水行业应用的典型例子,它的应用十分广泛。例如在高层建筑的给水系统中,由于依靠城市自来水系统的自然水压已经不能将水送上建筑物的高层,必须采用设水泵水箱供水方式,即在高层建筑的屋面或顶层设置水箱,在底层设置蓄水池,用水泵将水从蓄水池抽到高层水箱中,依靠重力向高层建筑的各层供水。水泵的运行依水箱水位的高低控制。当高层水箱水位下降到低水位时,水泵启动进行补水,避免供水中断。当水位上升到高水位时水泵停止,防止水位过高溢出水箱造成浪费。高层供水箱的水位,如果用人控制,不但造成人力的浪费,而且效果也不好。最好的办法,是采用水位自动控制,用高层水箱的水位直接控制水泵的运行。水塔的补水控制原理与此相同。下面介绍水位自动控制水泵运行的工作原理。

一、液位传感器

液位传感器俗称水位开关,它实际上是一个由水位控制的开关,再由此开关去控制水泵电动机的运行。液位传感器的应用很广泛,依液体的不同,例如清水、污水或酸碱类液体,有不同的种类,结构也较复杂。现选择一较容易理解浮子式水位开关和电极式水位开关为例来说明水位自动控制装置的工作原理。

1. 浮子式水位开关

图 5.17 为实用的 UX 系列传感器的结构图,这是一浮子式水位开关。浮子式水位开关由浮子(磁浮子)、干簧管、导管(检测管)和上下限位卡子组成。浮子式水位开关的关键部件是干簧管(全称干式舌簧管或舌簧管),干簧管是个磁性开关,它由封闭在玻璃管中的两个簧片组成。如果没有外磁场,干簧管的两个簧片分离,开关处于断开状态。如果有较强的外磁场存在,这两个簧片将会磁化,产生相反的极性而互相吸合,开关处于导通状态。干簧管磁性开关有常闭触点式和常开触点式。干簧管装于塑料导管中,其数量可依控制电路的需要确定。例如高层供水箱一般安装两个,一个用于高水位控制,一个用于低水位控制,干簧管导线由导管上端引出。导管用支架固定在水箱扶梯上。磁环装在可沿导管自由滑动的浮标中,浮标可随水位升降。

2. 电极式水位开关

电极式水位开关在工作原理上与浮子式水位开关完全不一样,它必须与晶体管液位控制器配套使用。图 5.18 为一实用的 YW 系列电极式液位传感器的结构示意图。实际上最简单的电极式液位传感器只用三根电极,两长一短。所谓电极就是用不锈钢材料制作的金属棒。

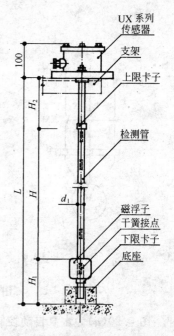

图 5.17 UX 系列液位传感器

二、水泵控制装置

水泵控制装置的形式也很多,例如单水泵控制方式,二水泵互为备用控制方式,二水泵定时轮换方式等等。本书只介绍最简单的由二水位的控制单水泵直接启动的装置,图 5.19 和图 5.20 为此控制装置的原理接线图。

1. 线路构成

图 5.19(a) 为一浮子式水位开关的原理接线图,SL1 为一常开触点型干簧管,处于低水位位置。SL2 为一常闭触点型干簧管,处于高水位位置。KA 为水位继电器(由水位控制的微型开关)。SA 为转换开关,它有两个档位,Z 为自动控制档,S 为手动控制档,说明此水泵既可自动控制也可手动控制。HA 为故障电铃,当水泵发生堵转故障时,HA 发出报警声响。

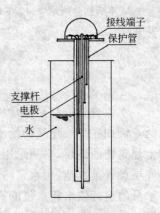

图 5.18 YW 系列液位传感器

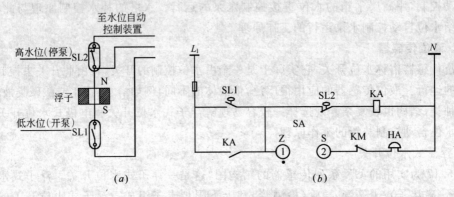

图 5.19 水位自动控制原理接线图(1)

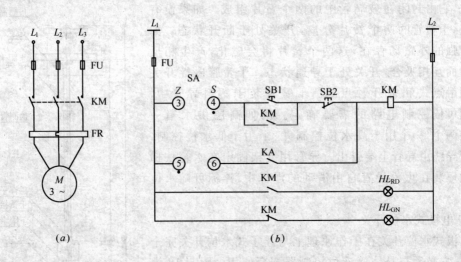

图 5.20 水位自动控制原理接线图(2)

图 5.20(a) 为水泵自动控制的一次接线图,它是向电动机直接提供电能的线路。FU 是熔断器,它的作用是线路的短路保护。KM 是交流接触器,它实际上是一个可由电流操控的

电磁开关,水位对电动机的控制,最后是通过它执行。FR 是热继电器,它的作用是对电动机进行过载保护。图 5.19 和图 5.20(b)共同构成水位自动控制的二次按线图,它是水泵电动机运行的控制保护电路,这一电路通过的电流比较小,一般不超过 5A。图 5.20(b)中的 SB 为手动按纽,可直接控制电动机的启动和停止。HL_{GN} 绿色信号灯,只要电源一接通,此灯即亮,但水泵电机并未启动。HL_{GN} 为红色信号灯,当水泵正常运行时,它发亮。

  2. 工作过程分析

  当水箱水位处于低位时,浮子水位传感器的浮子处于干簧管 SL1 的位置,SL1 常开触点闭合。此时转换开关 SA 应当处于自动档位 Z,触点①—②,⑤—⑥接通,从图 5.19 中可以看出,当水箱中的水位处于低水位时,干簧管磁性开关 SL1 闭合,水位继电器 KA 线圈得电。从图 5.20(b)中可以看出,水位继电器 KA 常开触点闭合,交流接触器 KM 线圈得电,从图 5.20(a)中可以看出,交流接触器 KM 的常开触点闭合,水泵电动机通电运行,水泵开始抽水。工作指示灯 HL_{RD} 亮。

  随着水箱水位的提高,浮子水位传感器的浮子离开干簧管 SL1,SL1 的常开触点复位,但是因为 KA 已经自锁,故不影响水泵电机动转。随着水箱水位的上升,浮子到了干簧管 SL2 的位置,SL2 是个常闭触点,此时断开,水位继电器 KA 的线圈失电,其触点复位,使交流接触器 KM 失电释放,水泵电机脱离电源停止工作,同时 HL_{RD} 灭,HL_{GN} 亮,发出停泵信号。

三、晶体管液位控制器

  晶体管液位控制器的工作原理与浮子式液位控制器完全不同,它是采用晶体管电子线路,如果不问其内部电子线路的工作原理,其安装接线是十分简单的。因为其工作原理牵涉到晶体管电路方面的知识,故不作详细叙述。晶体管液位控制器必须与电极式水位开关配套使用,电极式水位开关是利用水的导电性能制成的电子式水位信号传感器,图 5.21 为一简易晶体管液位控制器的原理接线图,它将图 5.19 中的浮子控制的干簧管开关 SL1 和 SL2 换成了电极和晶体管电路控制的开关 KA1。图 5.21 与图 5.20 组合成一个完整的水位控制线路图。

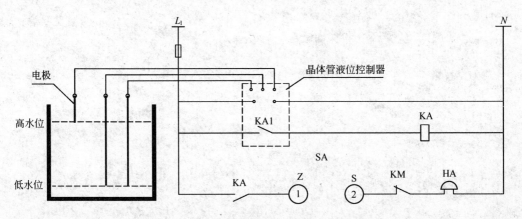

图 5.21　晶体管液位控制器原理接线图

  当水箱的水位低于低水位时,三个电极均不在水中,在晶体管电路的作用下,晶体控制继电器 KA1 常开触点闭合,水位继电器线圈 KA 得电,其余工作过程与浮子式水位控制器相同。当水箱的水位高于高水位时,三个电极均浸没于水中,在晶体管电路的作用下,晶体控制继电器常开触点 KA1 断开,水位继电器线圈 KA 失电,其余工作过程与浮子式水位控制器相同。

习 题

1. 在图 5.19 和图 5.20 中,当转换开关 SA 处于手动档位时,请叙述水泵手动控制的工作过程。
2. 将图 5.19 和图 5.20 改画成排水水位自动控制的原理接线图,并说明其工作过程。

第六章 供 电 系 统

第一节 供 电 系 统 概 述

一、电力系统的组成

电能是现代社会最重要的能源,电能的使用遍及人类生产、科学研究和生活的各个领域。电力系统由发电厂(站)、输变电线路和电能用户组成。发电厂(站)将其他形式的能量转变为电能,经过变电和输电环节将电能输送到城市和农村的电能用户。由于电能不能大量储存,其生产、输送和使用是同步进行的,所以发电厂、变电所和输配电线路的建设都必须配套进行。生产电能的发电厂,输送和分配电能的输变电设备和线路,以及电能用户构成了电力系统。

电能的生产是由各类电厂(站)完成的,发电厂(站)的核心设备是原动机和发电机,它们负责将其他形式的能量转换成电能。水电站是利用水的位能来发电的,火电厂是利用煤或油的化学能来发电的,核电站则是将原子的核能转变为电能,而风能发电站是利用风的机械能来发电的,还可以用太阳能和潮汐来发电等。不过目前仍以火力发电和水力发电为最主要的发电形式。

电厂(站)一般都是建立在离能源比较近的地方,例如将火力发电厂建在煤矿的坑口,将水力发电站建在江河、峡谷或水库上等。但电能的用户则往往位于距离发电厂或发电站较远的城市或农村,这就存在一个电能的输送的问题。电能的输送是由变配电设备和输电线路来完成的,输电线路有架空线路和电缆线路两种。由于输电线路和设备存在着电阻,在电能的输送过程中必然要在线路上损耗一定的电能。根据电工学的原理,提高输电电压可以减少输电线路上的电能损耗,因此输电线路常用高电压输电。我国高压输电网的标准电压等级有:10kV、35kV、110kV、220kV、330kV 和 500kV,现在正在研究开发 800kV 的输电线路。由于发电机的绝缘材料不能承受太高的电压,发电机的电压一般为 6.3kV 或 10.5kV,因此必须用升压变压器将电压提升至线路规定的电压(例如 220kV)。出于安全和用电设备制造成本的考虑,电能用户的电压一般只用 0.4kV 以下的低压电(某些大功率的用电设备可采用高电压直接供电),所以当电能输送到目的地后,还必须用降压变压器将电压降下来(通常采用分级降压的办法),才能提供给用电设备使用。

二、电力网(电网)

为了提高对能源利用的合理性和供电的经济性可靠性,现代供电都是将一个地区的所有的具有一定规模的发电厂(站)、输配电设备和线路连成一个大的电力系统,统一向该地区的电能用户供电。电力网是指电力系统中连接发电厂(站)和电能用户之间的那个环节,它由变电所(站)和输电线路组成,简称电网。有时我们又以"电网"代指整个电力系统。现在我国发电装机容量和发电量均已跃居世界第二位,已进入大电网时代。我国现在有六个区域性大电网和若干个独立的省级电网,六个区域性电网是东北电网、华北电网、华东电网、华中电网、西北电网和南方电网,省级电网有四川电网、山东电网和福建电网等。

三、变电所(站)

变电所(站)是输电线路中以变压器为中心的,以改变输电电压和分配电能为职能的电力设施。变电所(站)依其在输电线路中的地位可分以下类型。

枢纽变电所(站),是连接一、二次电网的变电所(站),它负责将220～500kV电压等级降低为35～110kV电压等级。

地区变电所(站),它是将110kV电压降低为35kV或10kV的电压等级。

负荷变电所(站),它是将35kV电压降低滩10kV的电压等级。

低压变电所,它是将35kV或10kV的电压降低为380/220V低压电的变电所,它是直接面向用电设备的变电所,低压变电所又称配电所。下图为一电力网结构的示意图。

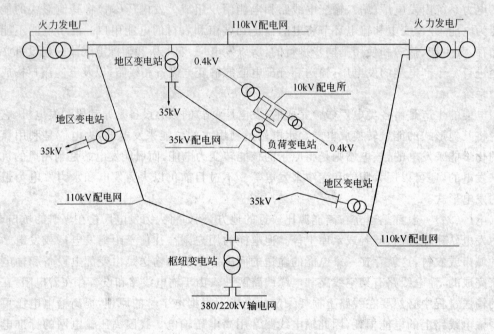

图6.1 电力网系统图

习　题

1. 作为给水排水专业的工程技术人员学习供配电知识有什么意义?

2. 抄绘图6.1电力网系统图,了解电力系统的结构。了解一下学校周围有没有变电所,如果有是什么类型的?

第二节　低压配电系统

一、低压变电所

由于大多数民用用电设备只能使用380/220V的低压交流电,按《全国供用电规则》

(GB 1983)的规定,用户设备容量在 250kW 或所需变压器容量在 160kVA 以下时,应采用低压供电,即由低压配电网直接供给 380/220V 的低压电,这样的用户称为低压用户。当用户容量超过此标准时,可直接供给高压电(常用电压为 10kV),这种用户是高压用户(电力系统也将此称中压供电)。

低压配电系统的额定电压为 380/220V,这是指输送到用电设备处的电压,实际上从低压配电所到用电设备的线路上还将发生一定的电压降,所以低压配电所的二次输出电压值确定为 0.4kV。

低压变电所由 10kV 的高压供电系统、10/0.4kV 降压变压器和低压配电系统组成,低压变电所有露天、半室内和室内三种形式,图 6.2 为一露天低压变电所的结构示意图和系统图,从中可见低压变电所的一般结构。

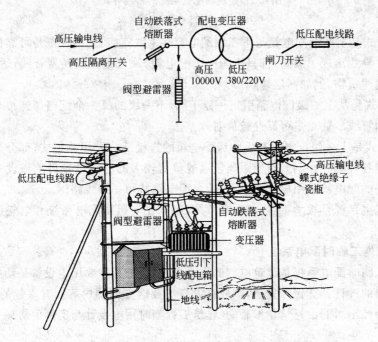

图 6.2 露天(杆上)变电所结构示意图和系统图

二、建筑物配电系统

建筑物供电,除了用电负荷特别大的高层建筑外,绝大多数单体建筑物都是采取低压供电方式。建筑物用电设备可分动力(例如水泵和电梯)和照明两类,一般的多层住宅动力设备较少,其主要用电设备为照明器和小功率的办公家用电器,因此多层住宅配电系统一般称照明配电系统。

从本单位的变电所或公用的低压配电网引来的电源线进入建筑物后首先进入总配电箱,再分配至分配电箱,最后进入用电设备。按《民用建筑电气设计规范》(JGJ/T 16—92)规定,自低压变电所的低压侧至用电设备之间的配电级数不宜超过三级,即建筑内只宜设一总配电箱和一级分配电箱,但对于非重要负荷供电时,可超过三级。为避免线路上产生过多的电压降,连接配电所和用电设备之间线路的总长度建议不要超过 250m。总配电箱的位置应设在建筑物的负荷中心处,各级配电箱之间的距离不要超过 30m。

上一级配电箱与下一级配电箱之间的连接(结线)方式有三种,见图 6.3 所示:

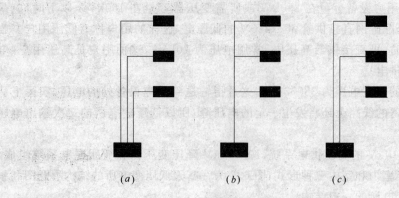

图 6.3　建筑物配电系统的结线方式

(a)放射式;(b)树干式;(c)混合式

(a) 放射式是上一级配电箱与下一级配电箱有专线连接,它的优点是可靠性较高,其中任何一路连接导线出现了故障,都只影响一个配电箱,缺点是比较耗费管线,适用于对可靠性要求较高的建筑物,例如高层建筑。

(b) 树干式是从上一级配电箱引出一路干线,下一级的每一个配箱都连接在干线,其优点是比较节约管线。缺点是可靠性较放射式差。

(c) 混合式是上一级配电箱与下一级配电箱的连接部分采用放射式,部分采用树干式,可灵活使用于各种场合。例如对于距离较远或负荷较大的分配电箱可单独设一回路供电,而对负荷较小的配电箱采用树干式供电,几个配电箱共用一条线路。

建筑物配电系统是教学重点,将在本章第五节《住宅照明配电系统和电气识图》中进一步学习。

三、建筑施工临时配电系统

建筑施工临时配电系统是建筑电气的重要内容,因为其主要用电设备是动力设备,因此它的配电线路的设计计算比较复杂,本教材没有涉及这方面的内容。有兴趣的学生可参阅中国电力出版社出版的由赵学堂编著的《建筑工程临时用电设计与实例手册》一书。

习　　题

1. 书后的附图中有一套多层住宅照明配电系统施工图,请指出该配电系统中配电级数,并指出每一级配电箱的名称和数量。

2. 低压配电系统由哪几部分组成? 由低压网供电的建筑物配电系统由哪几个部分组成?

第三节　电线和照明器的型号与规格

要能够顺利地读懂电气施工图,除了必要的电气系统知识外,还必须懂一点电气器材方面的知识,在以下两节中将介绍这方面的内容。

一、导线

导线包括电线和电缆两大类。

导线按其线芯材料可分铜芯线和铝芯线两种。铜芯线由于电阻率低,机械强度高,其线路故障率小于铝芯线,故目前民用建筑多使用之,但价格比铝芯线贵。铝芯线由于价格比较便宜,建筑施工临时用电常用铝芯线。

导线可分电线和电缆两大类,一般说来,电线结构比较简单,多为单根,外有一层绝缘层,裸导线连绝缘层也没有。电缆的结构比较复杂,电缆将多根电线集成在一根电缆内,例如低压配电系统用的四芯电缆就包含三根相线和一根零线。电缆的保护也比较完善,除绝缘层外,还有多个内外护层,最外面还有防腐层,可适用于各种场合(例如直埋地等),但价格也较电线高得多。导线也在发展,近年来又出现插接式封闭母线等新的导线种类。电线、电缆种类型号很多,表 6-1 为几种常用的导线名称、型号和主要用途。

常用导线名称、型号和主要用途 表 6-1

导线型号		导线名称	主要用途	备 注
铜 芯	铝 芯			
TJ	LJ	裸 导 线	室外架空线路	
	LGJ	钢芯铝绞线	室外大跨度架空线路	
BV	BLV	聚氯乙烯塑料绝缘线	室内配电线路和	
BX	BLX	橡皮绝缘线	室外架空线路	比塑料电线耐气候性好
BXF	BLXF	氯丁橡皮绝缘线	用途同塑料电缆	比一般橡皮电线 耐气候性好
BVV	BLVV	塑料护套线	室内照明线路	用线卡固定或穿预 制混凝土板孔
RV		塑料绝缘软线	室内移动电器使用	250V 以下电压
RVS		塑料绝缘双绞线		
RVV		塑料绝缘护套软线	室内移动电器使用	500V 以下电压
VV	VLV	PVC 全塑电缆	室内外配电线路,适用于隧道、沟、管、直埋地、移动、有腐蚀但无机械外力作用场所	
VV$_{22}$	VLV$_{22}$	钢带铠装二级防腐外护层 PVC 全塑电缆	室内外配电线路干线,适用于直埋地、多砾石严重腐蚀场所,可承受大拉力作用	
YJV	YJLV	交联聚乙烯电缆	用途同塑料 VV$_{22}$	比塑料电缆耐热性好, 使用寿命长
ZR-VV		阻燃型 VV 电缆	使用场合和环境与 VV 型电缆相同	防火性能比普通设计 VV 型电缆好
YH	YHL	移动橡套电缆	电焊机专用	

注: 导线型号标注常用字符含义 V—聚氯乙烯塑料;X—橡皮;B—保护线,必须固定敷设使用电线;R—多芯软线,可 移动使用电线;L—铝芯,无 L 为铜芯。

导线截面的选择是很重要的知识,这部分内容将在本章第八节电气设计中介绍。

二、照明器

照明器的种类很多,本书只讲述建筑类照明器。建筑类照明器是指为建筑物内外营造光环境的照明器,它的安装需与建筑物的建造密切配合同时完成,有些建筑照明器本身就是建筑构造的一部分。

照明器由电光源和灯具两个部分组成。

1. 电光源的基本知识

电光源是以电为能源的发光体,俗称灯泡、灯管。表现电光源技术性能的主要参数有以下几个。

额定电压——电光源的工作电压,它有220V、36V、24V、12V等几个等级。电光源对电压稳定性的要求较高,在实际供电中一般允许的电压偏移不得超过额定电压的±5%。

功率——电光源在单位时间内消耗的电能量,单位是W。电光源的功率并不等同于发光能力,电光源的发光能力还与电光源的种类密切相关。例如一只40W的白炽灯的发光能力为350lm(光通),而一只40W的荧光灯的发光能力为2100lm,后者是前者的5倍多。

光通量——光度学上用来描述电光源发光能力(提供可见光的能力)的量,它的单位是流明(lm)。一瓦特的电能极限发光能力是683流明。

发光效率——各种电光源将电能转换成光通量的能力是不同的,发光效率就是电光源能将每瓦特电能转变为多少光通量,单位是lm/W,它是电光源的重要经济性技术指标。

使用寿命(有效寿命)——电光源的使用寿命用小时表示,它是指电光源从开始使用至光通量衰减到一定程度(通常是初始光通量的70%~80%)的这段时间。此时电光源即便还能够使用,也认为是寿命已到,应当予以更换。

显色性——物体的颜色是在自然光(太阳光)下形成的人眼的感觉,电光源的显色性就是指以此电光源为照明时,物体所呈现的颜色与其自然颜色的吻合程度。显色性用显色指数来描述,100为最高分,自然光的显色指数为100。在所有的电光源中白炽灯的显色性最高,其显色指数可达95以上。

色温——电光源的光是有颜色的,但电光源的光是由多种颜色的光混合而成的,不能用简单颜色的概念去描述。电光源的光色准确说是一种颜色倾向,假如其红黄光谱色成分较重,它给人的感觉是偏红。描述光色的科学方法是用"色温"概念,绝对黑体在加热时会发光,它的光色随着温度的升高变化,其光色与温度之间存在着比较准确的对应关系。例如白炽灯的光色偏红,它的色温大约为2300°K,即与绝对黑体在温度为2300°K时所发光的光色相当。日光色荧光灯的光色很接近太阳光,呈白色,它对应的色温大约为9500°K。光的色温对人的心理有一定影响,例如白炽灯的色温较低,人称暖色调,给人以温暖的感觉,而日光色的荧光灯色温较高,人称冷色调,给人以清凉的感觉。

眩光——电光源的眩光是要避免的。所谓眩光就是刺眼的光,使人感到不舒服的光。电光源的表面亮度越大,其眩光越厉害。一般说来,电光源的光通量越大或表面积越小,它的表面亮度就越大,例如白炽灯的表面亮度就远远大于普通直管荧光灯管,这是由于白炽灯的灯丝面积比普通直管荧光灯管表面积小得多的缘故。

2. 电光源的种类

电光源的种类很多,可分两大类:一类是热幅射电光源,如白炽灯和卤钨灯;另一类是气体放电灯,如低压荧光灯、高压汞灯、高压钠灯和金属卤化物灯等等。住宅和建筑施工常用电光源有白炽灯、卤钨灯、低压荧光灯和高压汞灯等几种。

(1) 白炽灯

白炽灯是最早出现的电光源,由美国人爱迪生发明,称第一代电光源。灯丝是用钨丝制成,外有玻壳。一般小功率(40W)以下白炽灯泡内抽成真空。大功率白炽灯泡内充以惰性气体,可提高灯泡的使用寿命和提高发光效率。白炽灯泡的额定功率有 15W、25W、40W、60W、100W、150W 和 200W。白炽灯为减少其眩光,将玻壳做成磨砂或乳白色。我国生产的传统的白炽灯泡多为梨形,灯头有螺旋式(代号 E)和插口式(代号 B),见图 6.4。自引进国外灯泡生产技术以后,市场上的白炽灯的型式呈多样化趋势,灯泡形状呈磨菇状,灯头也出现细颈的 E 型灯头,其发光效率、寿命有较大提高,价格相对也较高。

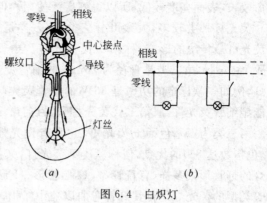

图 6.4　白炽灯

(a)白炽灯的构造;(b)白炽灯接线

白炽灯有价格便宜、瞬间启动、适合于频繁启动、体积小、便于控光和发光光谱接近于日光等优点,所以直至目前,它仍然是使用量最大的电光源之一。

(2) 卤钨灯

卤钨灯与白炽灯属同一类电光源,它是在白炽灯的灯泡内加入卤族元素,形成所谓的卤钨循环,有效地减少了钨丝的挥发,提高了灯泡的发光效率,灯泡也不会发黑了。由于卤钨循环所需的温度较高,所以卤钨灯泡做成管形,可以减少散热的表面积。卤钨灯管的表面温度很高(超过 250℃),应避免与易燃物接近,并使用专用灯具,它的灯管也要经常擦拭。卤钨灯要水平安装,倾角不要超过±4°。

管形卤钨灯的额定功率有 500W、1000W、1500W 和 2000W 四种。由于功率大,光通量大,温度高,不适合于一般的室内使用。但特别适合建筑施工工地使用。

(3) 荧光灯

荧光灯俗称日光灯,它发明于 20 世纪 30 年代。其发光原理与白炽灯截然不同,它的灯管被抽成真空,内充有汞,在高速电子轰击下,汞分子发出紫外线,紫外线照射灯管内表面的荧光粉,产生荧光,所以荧光灯又称气体放电。荧光灯与白炽灯相比光效有很大提高,相同功率的荧光灯的光通量大约是白炽灯的 3～4 倍,故称第二代电光源。荧光灯的附件较多,有镇流器、启辉器和灯座等。它的安装接线图见图 6.5 所示。由于荧光灯的光效较高,

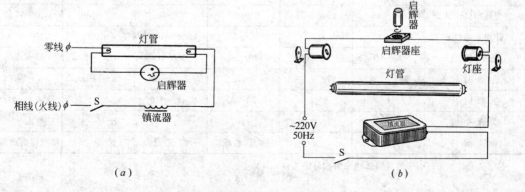

图 6.5　荧光灯点灯接线图

(a)接线原理图;(b)实物接线图

寿命较长,表面亮度较低,所以得到广泛使用。但是荧光灯不适宜在频繁启动的场合使用。

荧光灯种类较多,大致可分三类,第一类是管径为 38mm 的荧光灯,称中管荧光灯,这是荧光灯最传统的形式,称第一代荧光灯。中管荧光灯的额定功率有 15W、20W、30W 和 40W 等多种。第二类是管径为 26mm 的细管荧光灯,这是经过改进的具有较节能效果的荧光灯,例如一款标定的功率是 36W 的细管荧光灯,光通超过 40W 的中管荧光灯,所以又称节能型细管荧光灯,属第二代荧光灯管,目前市场上销售的具有国外品牌的荧光灯管多为此类。第三类为三基色稀土荧光灯,它具有发光效率更高(达 90lm/W),体积小和显色性高(显色指数达 85)的优点,俗称紧凑型荧光灯,又称节能灯,是第三代荧光灯。三基色稀土荧光灯的灯管形式多样,有直管型、U 形管形、H 形管形和双 D 形等型式。所谓的 U 形和 H 形等类型的荧光灯是将其灯管弯曲以缩小体积,做得与普通白炽灯差不多大小,将镇流器做在灯内,并使用普通白炽灯的灯头,使用特别方便,大有替代白炽灯的趋势。三基色稀土荧光灯的额定功率有 5W、7W、9W、11W、13W、17W 和 19W 等多种。7W 的节能灯的光通量相当于 40W 的白炽灯,9W 的节能灯的光通量相当于 60W 的白炽灯,19W 的节能灯的光通量相当于 100 的白炽灯。

荧光灯使用的镇流器有两种:普通铁芯镇流器和电子镇流器。普通铁芯镇流器功耗大(占灯管功率的 20%～25%),功率因数低,启动时间长,噪声大,缺点较多。所以后来又发明了高效的电子镇流器,它具有启动时间短、功耗小、功率因数高(0.9 以上)、无噪声、无闪烁和无需启辉器的优点。

采用电子镇流器和第二三代荧光灯是节能的重要措施,是绿色照明工程的主要内容。

(4) 高压汞灯

在汞灯中,当汞蒸汽压力增加时,其发出的光线中可见光成分也增加,从而光效随之提高。高压汞灯就是利用这个原理,它的管内压可达到 6～8 个大气压。高压汞灯寿命达 5000h,国际先进水平达 24000h,显色指数 30～40。高压汞灯的幅射较强,显色性较差,不适合一般室内使用,只适合于做路灯或高大厂房用灯。

表 6-2 为常用电光源主要技术特性比较。

常用电光源主要技术特性比较

表 6-2

特性参数	白炽灯	卤钨灯	荧光灯	高压汞灯	高压钠灯	金属卤化物灯
额定功率(W)	10～1000	500～2000	6～125	50～1000	250～400	400～1000
发光效率(lm/W)	6.9～19	19.5～21	25～67	30～50	90～100	20～37
使用寿命(h)	1000	1500	2000～3000	2500～5000	3000	2000
显色指数	95～99	95～99	70～80	30～40	20～25	65～85
启动时间	瞬时	瞬时	1～3s	4～8min	4～8min	1～2s
功率因数	1	1	0.33～0.7	0.44～0.67	0.44	0.4～0.61
表面亮度	大	大	小	较大	较大	大
所需附件	无	无	镇流器启辉器	镇流器	镇流器	镇流器启辉器

注:荧光灯如采用电子镇流器其功率因数可提高到 0.9 以上。

3. 灯具

灯具的作用是配光(改变电光源光通量在空间的分布)、限制眩光和装饰。灯具一般由灯罩、灯架和底座组成。灯具的分类方法有多种,按安装方式分类可分吊灯、吸顶灯和壁灯,如图 6.6 所示,住宅常用的就是这三种灯具。

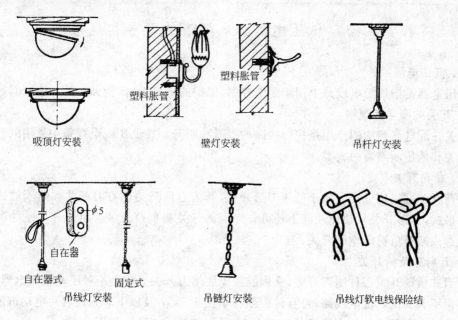

吸顶灯安装　　　　　　壁灯安装　　　　　　吊杆灯安装

塑料胀管　　塑料胀管

φ5

自在器

自在器式　　　固定式

吊线灯安装　　　　　　吊链灯安装　　　　　　吊线灯软电线保险结

图 6.6　灯具安装方式

吊灯用软电线、吊链或吊杆悬挂于天棚之下。吊灯按灯罩数可分单头和多头,多头吊灯由于造型丰富装饰作用强又称花灯。吊灯按灯罩的制作材料分类可分水晶、玻璃、塑料和灯纱等多种。吊灯按灯罩的艺术造型又可分枫叶罩、圆球罩、筒形、波形罩、伞形罩、灯笼罩和晨钟罩等多种。吊灯的造型丰富多彩,新品种层出不穷。

吸顶灯紧贴天棚安装,吸顶灯按其在天棚上的安装方式又可分明装式、半嵌入式和嵌入式。吸顶灯的造型也很丰富,常见的有矩形、长双联或多联方形、圆罩形、球形罩、尖扁圆罩形和方格栅形等。吸顶灯也常用组合方式,组成大型的吸顶灯,进一步丰富了吸顶灯的造型。另外目前用量很大的嵌入式筒灯也可以算作吸顶灯。现在的住宅由于层高普遍较低,使用吊灯由于吊杆太长,容易使人产生压抑感,所以更适用紧贴天棚安装的吸顶灯。

壁灯安装在墙壁上,是一种辅助性灯具,以装饰为主要功能,只有明装一种形式。壁灯的造型比较丰富,有玉兰罩、橄榄罩、杯形罩、菠萝罩、束腰罩和镜前灯(卫生间用)等多种形式。壁灯按灯罩数分也有单罩、双罩和叁罩之分。

灯具的型号标注有国家标准,但是没有能够推广使用,现在各地方和各灯具厂家常用自己的灯具命名方法,不统一。灯具的种类和型式非常多,设计人员在选用时多依据厂家提供的样本和实物来进行。

习　题

1. 在本书后附图多层住宅电气施工图中,使用了哪几种导线,写出它名称、型号的规格。

2. 白炽灯有什么特点? 为什么到目前为止白炽灯仍然是使用是最大的灯具之一? 为什么住宅的卫生间只适合使用白炽灯?

3. 荧光灯的分类有三代荧光灯之说,请解释它的含义。画出普通直管荧光灯的线路图。

4. 根据你的观察,住宅常用灯具有哪几种? 为什么在普通住宅内吸顶灯比吊灯更适用?

第四节 低压电器和电度表的型号和规格

一、低压电器

低压电器是指用配电线路上用于配电控制、保护的电气设备,例如开关和熔断器等。

1. 开关的型号和规格

开关在配电线路中的作用是控制线路的接通和断开。在低压配电线路中常用的开关有负荷开关和低压断路器两大类。

(1) 负荷开关

负荷开关按结构分类应属于低压刀形开关,低压刀形开关还有刀开关和熔断器式刀开关两种形式,刀形开关从使用功能上还可分为隔离开关和负荷开关。负荷开关是一种可以直接接通或断开负荷电流的开关。

① 开启式负荷开关

开启式负荷开关俗称闸刀开关,又称胶盖瓷底闸刀开关。它是一种手动控制电器,用于通断容量不大的低压配电线路,可直接控制功率在 5.5kW 及以下非频繁启动电动机的直接启动。由于它在开启时具有明显的断开点,也可作电源隔离开关使用。

图 6.7 为闸刀开关的结构图,它由操作手柄(瓷手柄)、动触头(刀片)、静触头(刀夹)胶盖和绝缘瓷底板组成。由于闸刀开关的动触头(刀片)处于半裸露状态,所以称开启式负荷开关。它的安全性较差,在操作时为避免脸部受电伤,宜用左手操作。闸刀开关上有熔断器,所以具有短路保护作用。但是由于熔断器之间的间隙较小,安全性较差,建议不用,用铜导线将其短接,在使用闸刀开关时需另配熔断器。闸刀开关有二极和三极两种,二极适用于单相电路,三极适用于三相电路。

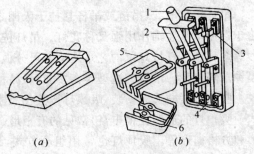

图 6.7 开启式负荷开关结构图
(a)外形;(b)结构
1—瓷质手柄;2—闸刀本体;3—静触座;4—接装熔丝的接头;5—上胶盖;6—下胶盖

闸刀开关的安装要求操作手柄朝上,开关开启后"刀"呈向下垂挂状态。进线由上方,出线由下方,不允许倒装或横装,必须垂直安装。闸刀开关的选择方法是,在一般配电线路上它的额定电流应当不小于线路的计算电流的1.1倍,或不小于熔体的额定电流。如果负荷是一台电动机,它的额定电流不应小于电动机额定电流的三倍,或直接按表6-3来选用与电动机配合的闸刀开关。

HK 系列开启式负荷开关基本技术数据　　　　　　　　表 6-3

型　　号		额定电流 (A)	额定电压 (V)	极　　数	可直接控制电动机容量 (kW)
HK1	HK2				
	HK2-10/2	10	220	2	1.1
HK1-15/2	HK2-15/2	15			1.5

| 型 号 | | 额定电流 | 额定电压 | 极 数 | 可直接控制电动机容量 |
HK1	HK2	（A）	（V）		（kW）
HK1-30/2	HK2-30/2	30	220	2	3.0
HK1-60/2		60			4.5
HK1-15/3	HK2-15/3	15	380	3	2.2
HK1-30/3	HK2-30/3	30			4.0
HK1-60/3	HK2-60/3	60			5.5

闸刀开关的型号标注字符含义：

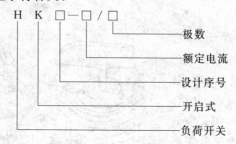

②封闭式负荷开关

封闭式负荷开关又称钢壳开关,见图 6.8 所示,因其外面有一个薄钢板压制的保护外壳而得名。其早期产品因外壳是铸铁制成,所以又称铁壳开关。其功能特点和安装要求与闸刀开关相同,钢壳开关带有熔断器,安全性很好,不必另设熔断器。钢壳开关呈封闭状态,外壳打开后不能进行通断操作,防护性能优于闸刀开关,所以称封闭式负荷开关。其操作手柄安装有弹簧储能机构,可使开关快速通断,从而提高了分断能力,使它直接控制的电动机容量明显大于开启式负荷开关。封闭式负荷开关与配电线路的配合关系也是使其额定电流不小于配电线路的计算电流的 1.1 倍。钢壳开关与电动机的配合关系与闸刀开关相同。封闭式负荷开关常用的型号有 HH2、HH3、HH4、HH10 和 HH11 型等。

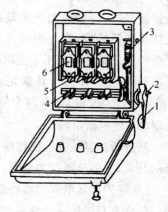

图 6.8 封闭式负荷开关结构图
1—手柄;2—转轴;3—速断弹簧;
4—闸刀;5—夹座;6—熔断器

HH4 系列封闭式负荷开关基本技术数据 表 6-4

型 号	额定电流 （A）	额定电压 （V）	极 数	可直接控制电动机容量（kW） （三极开关）
HH4-15/2,3	15	250,380	2,3	2.0
HH4-30/2,3	30			4.5
HH4-60/2,3	60			10
HH4-100/3	100	440	3	4
HH4-200/3	200			28
HH4-300/3	300			
HH4-400/3	400			

钢壳开关的型号标注字符含义：

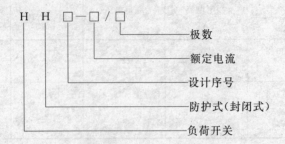

钢壳开关的选择方法与闸刀开关相同。

③ 组合开关

组合开关又称盒式转换开关，它的结构紧凑，占位比较小，操作手柄在安装平面左右转动，每当转动 90°，触头就通断一次，可以循环操作。组合开关与开启式负荷开关或封闭式负荷属同一类型的开关，可以作配电线路的控制电器，特别适用于电动机的正反转控制等场合，有一种被称为倒顺开关的开关就是专门用于控制电动机正反转的组合开关。其额定电流分 10A、25A、60A 和 100A 四个等级。

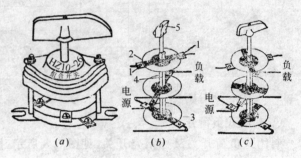

图 6.9 组合开关结构
(a)外形；(b)接通位置；(c)断开位置
1—静触头；2—动触头；3—绝缘垫板；4—绝缘方轴；5—手柄

(2) 低压断路器

低压断路器在我国的传统名称叫自动开关或自动空气开关。断路器是比负荷开关更高级的开关，它的分断能力更强，能直接切断短路电流。低压断路器还兼有过载保护、短路保护、欠压保护和漏电保护等功能，当线路上发生以上故障时，能自动切断电路（所以称自动开关），但它本身仍属手动开关类型。当发生短路时，低压断路器掉闸，但只要将故障排除，合闸后即可接通，不必像熔断器那样更换熔丝，十分方便。由于自动开关结构完善，体积紧凑，富于现代气息，目前在电气工程上得到广泛应用。

国产低压断路器有塑壳式低压断路器（DZ）和框架式低压断路器（DW）两大系列，塑壳式低压断路器有一个封闭的塑制外壳，安全性能较好，但容量比较小，适合于配电所的输出回路和配电箱内使用。框架式低压断路器是敞开式的，散热较好，容量大，适用于配电所的输入干线。

我国改革开放以后，引进了不少国外的低压断路器生产技术，比较著名的有英国 ABB、法国的施耐德、德国的西门子、澳大利亚的奇胜等。国产 DZ 系列的低压断路器的技术也在改进，以前使用量很大的 DZ10 系列低压断路器现已停止生产，新推出的是性能更加先进的 DZ20 等系列的低压断路器。

低压断路器因其结构比较完善，功能比较齐全，因此它的技术参数也比较复杂，以下介绍最重要的技术参数和相关结构名称（参见表 6-5）。

型　号	额定电流 (A)	长延时脱扣器整定电流 (A)	极限分断能力 (kA)		瞬时动作电流整定倍数	
					保护配电线路用	保护电动机用
DZ20-160	160	100	C	12	10	12
DZ20-100	100	16、20、32 40、50、63 80、100	Y	18		
			J	35		
			K	100		
DZ20-250	250	100、125 160、180 200、225 （C 型可达 250）	C	15	5 或 10	8 或 12
DZ20-200	200		Y	25		
			J	42		
			K	100		
DZ20-400	400	100、125 160、180	C	15	10	12
		200、250	Y	30		
		315、350	J	42	5 或 10	—
		400	K	100		
DZ20-630	630	400、500、630	C	20	5 或 10	—
		250、315、350	Y	30		
		400、500、630	J	42		
DZ20-1250	1250	630、700、800 1000、1250	Y	50	4 或 7	—

注：DZ20 型低压断路器有二极和三极两种。

脱扣器——低压断路器靠触头机构控制电路的通断，触头由手柄和脱扣器共同控制。低压断路器依靠电热机构和电磁机构实现其过载保护和短路保护功能，当发生过载或短路故障时，电热机构或电磁机构推动"脱扣器"，脱扣器控制触头，切断电路。电热机构又称热脱扣器，电磁机构又称电磁脱扣器。电热脱扣器因其反应时间较长，所以又称"长延时"脱扣器。电热脱扣器的动作时间与过载电流的大小呈"反时限"特性（过载电流越小，动作时间越长，过载电流越大，动作时间越短），符合过载保护的要求。电磁脱扣器具有瞬时动作的特性，所以电磁脱扣器又称"瞬时"脱扣器。电磁脱扣器适合作短路保护，当线路发生短路故障时，它立即动作，能在 0.02 秒以内切断电路，可最大限度保护线路不受短路电流损伤。低压断路器如果注明是复式脱扣器，就表明该低压断路器同时具有长延时脱扣器和瞬时动作脱扣器两种功能，也称两段式。

长延时脱扣器整定电流——低压断路器允许通过的最大安全电流，相当于不可调整型开关的额定电流。低压断路器的长延时脱扣器的动作电流是可以调整的，例如 DZ20-400型的低压断路器，就可调整为 100～400 五个等级，以适应不同线路过载保护的要求。

额定电流——该型号低压断路器的结构所允许的最大长延时脱扣器整定电流，又称壳架等级额定电流，例如 DZ20-400 型低压断路器的额定电流为 400A，C45N 型的小型低压断路器的额定电流为 63A。

电磁脱扣器动作整定电流——短路保护动作电流,可用电流绝对值表示,例如 1000A,表示如果短路电流达到 1000A 时,低压断路器电磁脱扣器动作断开触头,切断电路。也可用额定电流的倍数表示,例如 6~10 的意思是当短路电流达到它的长延时脱扣器整定电流的 6~10 倍中的某一个值时,低压断路器电磁脱扣器动作,断开触头,切断电路。Vigi 漏电保护器与低压断路器有如下配合关系:VigiC63 配合 40A 以上的 C45N 低压断路器,VigiC40 配合 40A 及以下的 C45N 低压断路器。

自改革开放以来,我国采用合资或独资方式引进了一些国外先进的低压断路器生产技术。外国引进技术生产的低压断路器和老式国产低压断路器相比具有符合国际标准、分断能力高、电流整定精确稳定、体积小寿命长、外形设计的模数化(例如梅兰日兰微型低压断路器的高度厚度相同,宽度为 9mm 的整倍数,所以又称 multi9 微型低压断路器)和轨道化安装等优点,所以尽管价格较高,仍然得到广泛使用。不懂国外品牌的低压断路器,等于不懂得我国低压断路器市场。梅兰日兰微型低压断路器,是我国最早引进(天津引进)的外国低压断路器产品,梅兰日兰是著名跨国公司施耐德电气公司的四大国际品牌之一。由于引进我国早,知名度高,市场占有率很高。现将梅兰日兰微型低压断路器作为国外先进低压断路器的典型产品作一介绍。

天津梅兰日兰微型低压断路器有 C45 型和 N100H 型等多种型号的产品,表 6-6 列出了其中两个型号低压断路器的技术数据供参考。天津梅兰日兰低压断路器还有一些可以增加其功能的电气附件,例如 Vigi 漏电保护脱扣附件。安装漏电保护器是防止漏电触电事故的有效手段,在住宅插座线路和建筑施工临时用电线路上用得很多。漏电保护器按工作原理分类有电磁式(ELM)和电子式(ELE)两种类型。漏电动作电流的意思是当漏电电流达到 30mA 时,脱扣器动作,切断电路。梅兰日兰有一款专门用于住宅单相线路的 DPN 低压断路器,与其配套的漏电保护器是 DPN Vigi,开关动作时可同时切断相线与零线,安全性更好,价格比 C45N 型的便宜,额定电流为 20A。

天津梅兰日兰微型低压断路器技术数据　　　　　　　　　　表 6-6

型　　号	C45N-C	C45AD-D	NC100H
适用场合	配电线路	控制电动机	C 型适用于配电线路 D 型适用于控制电动机
额定电流(A)	63	40	100
额定电压(V)	240/415 AC	240/415 AC	380/415 AC
极　　数	1、2、3、4		
长延时脱扣器整定电流 (A)	1、3、5、10、16、20、25、32、40、50、63	1、3、5、10、16、20、25、32、40	50、63、80、100
电磁脱扣器整定电流倍数	5~10	10~14	C 型 7~10 D 型 10~14

Vigi 型漏电保护器的型号规格和技术数据　　　　　　　　　　表 6-7

型　　号	C45	C63	NC100
额定电流(A)	40	63	100
漏电动作电流(mA)	30		

2001 年施耐德电气公司又推出 C65 系列的低压断路器，它和 C45 系列低压断路器相比，在分断能力，耐冲击电压，过压保护和快速闭合等主要技术参数都有了很大的提高。

C65 系列低压断路器的外形尺寸与 C45 一样，额定电流也是 63A，长延时脱扣器电流等级也相同，也分 C型和 D 型，也有 Vigi C65 漏电保护器（见表 6-8）。

梅兰日兰微型低压断路器的最大容量为 100A，额定电流超过 100A 的可选用施耐德电气公司通用型塑壳断路器 Compact NSD 系列低压断路器。施耐德 NSD 低压断路器还兼有隔离开关的作用，当需要对线路进行检修时，可将 NSD 开关断开后用挂锁锁住，防止误操作造成的触电事故（见图 6.10）。

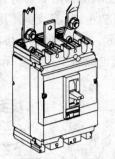

图 6.10　施耐德 NSD 低压断路器

施耐德 Compact NSD 低压断路器技术数据　　　　　　　　表 6-8

型　　　号	NSD100	NSD160	NSD250	NSD400	NSD630
适 用 场 合	配 电 线 路				
额定电流(A)	100	160	250	400	630
额定电压(V)	500				
极　　　数	3				
长延时脱扣器整定电流(A)	25、40、50 63、80、100	125、160	200、225 250	350、400	500、630
电磁脱扣器整定电流(A)	300、500、500 500、640、800	1000、1280	1600、1800 2000	750～3500 800～4000	1000～5000 1260～6300

2. 熔断器

熔断器俗称保险，熔断器的主要作用是对线路进行短路保护和过载保护。它的结构简单、价格低廉，应用广泛。熔断器的动作特性是所谓的"反时限"特性，当线路电流不大于熔断器的额定电流时，熔体不会熔断，当线路电流超过熔体额定电流时，熔体可能熔断，超过的电流越大，熔断得越快。当通过熔体的电流为额定电流的 1.3 倍时，熔体在 1h 以上熔断，当通过熔体的电流为额定电流的 1.6 倍时，熔体在 1h 以内熔断，当通过熔体的电流为额定电流的 2倍时，熔体在 30～40s 熔断，当通过熔体的电流为额定电流的 8～10 倍时，熔体在瞬间熔断。

国产自动开关的型标注字符含义：

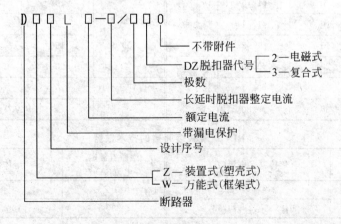

国外引进技术生产的低压断路器型号是采用引入国的型号标注方法标注的。
　　瞬时熔断。熔断器的"反时限"动作特性符合线路对过载和短路保护的时限要求。熔断器的种类较多,常见的低压熔断器有瓷插式、螺旋式、无填料管式和有填料式四种,其中瓷插式和螺旋式的容量较小,照明线路使用得更多一些。瓷插式、螺旋式和无填料管式熔断器的结构如图6.11所示。应当明白,在熔断器中直接起短路保护作用的是熔体,熔断器本身是熔体的载体。在配电线路中如何选择熔断器,将在本章第八节中叙述。

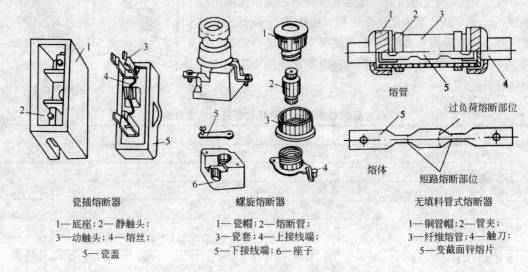

瓷插熔断器
1—底座;2—静触头;
3—动触头;4—熔丝;
5—瓷盖

螺旋熔断器
1—瓷帽;2—熔断管;
3—瓷套;4—上接线端;
5—下接线端;6—座子

无填料管式熔断器
1—铜管帽;2—管夹;
3—纤维熔管;4—触刀;
5—变截面锌熔片

图6.11　几种常用的熔断器

RC1A 瓷插式熔断器的技术数据　　　　表 6-9

熔断器额定电流(A)	熔体额定电流(A)	熔体直径或厚度(mm)	熔体线号	熔体材料	熔断器额定电流(A)	熔体额定电流(A)	熔体直径或厚度(mm)	熔体线号	熔体材料
5	2	$\phi 0.50$	25	铅锑合金丝	60	40	$\phi 0.90$	19	铜丝
	5	$\phi 0.94$	20			50	$\phi 1.13$	18	
10	2	$\phi 0.50$	25			60	$\phi 1.37$	17	
	4	$\phi 0.81$	21		100	80	$\phi 1.60$	16	
	6	$\phi 1.16$	19			100	$\phi 1.76$	15	
	10	$\phi 1.51$	17			120	$\delta 0.2$		变截面厚铜片
15	15	$\phi 1.98$	14		200	150	$\delta 0.4$		
30	20	$\phi 0.60$	23	铜丝		200	$\delta 0.6$		
	25	$\phi 0.71$	22						
	30	$\phi 0.80$	21						

RL1 螺旋式熔断器的技术数据　　　　表 6-10

熔断器额定电流(A)	熔体额定电流(A)	熔断器额定电流(A)	熔体额定电流(A)
15	2,4,6,10,15	100	60,80,100
60	20,25,30,35,40,50,60	200	100,125,150,200

熔断器的型号标注字符含义：

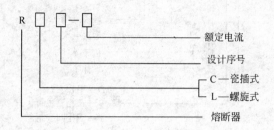

二、电度表

电度表也称电能表，是用于计量用户用电量的仪表。电能的计量单位是"千瓦·小时（kWh）"，俗称"度"，一度电相当于有功功率为 1 千瓦的电器使用 1 小时所耗的电能。电度表是住宅建筑配电系统中使用最多的一种电气仪表。电度表有有功电度表和无功电度表之分，用来计费的电度表是有功电度表。有功电度表有单相表（DD）、三相三线制表（DS）和三相四线制表（DT），三相三线制电度表用在三相负荷平衡的电路上，例如专为三相电动机供电的线路。由于住宅用电各相负荷不平衡，所以使用的电度表是单相表或三相四线制表。电度表的接线见图 6.12 所示。

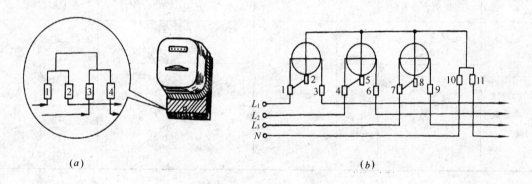

图 6.12　电度表接线图

(*a*)单相电度表的接线；(*b*)三相四线电度表的接线

标定电流相当于低压电器的额定电流，即电度表安全工作电流。最大电流表现了电度表的过载能力，它的意义简单说来就是，电度表在短时间内（不超过 72h）可以在最大电流值之下工作。住宅用电总是在计算负荷上下波动，超负荷工作的状况时有发生，但不会持续到 72h 以上。所以只要线路的计算电流介于电度表的标定电流与最大电流之间，电度表的选择就是正确的。倍率是最大电流与标定电流的比值。以前使用的老式单相电度表有 DD1、DD10、DD14、DD28，三相四线制电度表有 DT1、DT2、DTP-3、DT8 等型号。现在推广使用的电度表是全国统一设计的 86 系列电度表，和老式电度表相比它有过载能力强（最大倍率可达 6 倍），产品寿命长（可保证 10 年不需要维修，老式表规定 5 年必须拆换维修），计量准确和安全可靠等特点（见表 6-11）。

电度表的型号标注字符含义：

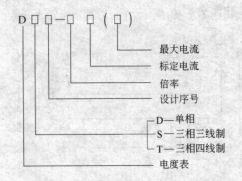

```
D □ □ — □ □ (□)
                        └─── 最大电流
                    └────── 标定电流
                └────────── 倍率
            └────────────── 设计序号
                            D—单相
                            S—三相三线制
                            T—三相四线制
                            电度表
```

86 系列电度表的主要技术数据　　　　　　　　表 6-11

类　别	型　号	准确度	额定电压 (V)	标定电流 (A)	外 形 尺 寸 (mm)
单 相 电度表	DD862-2 DD862-4	2.0	220～240	5(10)、10(20)、20(40) 30(100)、1.5(6)、2.5(10) 10(40)、20(80)、3(6)	207(高) 124(宽) 118(厚)
	DD862a-2 DD862a-4 (862 的新型号)	2.0	220	10(20)、20(40) 1.5(6)、2.5(10)、5(10) 10(40)、20(80)	170(高) 138(宽) 118(厚)
三 相 四线制 电度表	DT862-2 DT862-4	2.0	3×380	3×3(6) 3×1.5(6)	273(高) 172(宽) 124(厚)
	DT862-2 DT862-4	1.0		3×3(6)、3×1.5(6) 3×5(20)、3×10(40) 3×30(100)	 279(高) 172(宽) 124(厚)

　　普通电度表用手工抄表方式计费,工作人员要逐户抄表,工作量大,效率低,收费滞后。为改变这种状况,现在普遍采用了自动抄表或预付费技术。自动抄表技术是在普通电度表上安装数据采集器,将电度表转盘的转动变成脉冲数据,或是安装能直接输出脉冲数据的电子式电度表(例如 DD862-M 型),将用户电度表上反映的能耗数据通过公共电话网、专用负荷控制信道或电力载波等信息通道,自动传输到供电部门抄表中心的计算机进行处理,计算出每月应交电费,由用户直接到供电部门交费或由银行代收。预付电费技术是采用磁卡电度表,磁卡电度表有一专用磁卡,要预先到供电部门交费将磁卡充值,然后将充过值的磁卡插入电度表,电度表确认以后,电路才能开通。磁卡还能将用电信息反馈给供电部门。

习　题

　　1. 低压开启式负荷开关和封闭式负荷开关各有什么特点? 请解释 HK1-60/3 和 HH4-200/3 型负荷开关的含义。如果直接控制一台 5kW 的电动机的启动或一台 14kW 电动机的启动应该选用何种负荷开关?

2. 低压断路器是最重要的低压电器之一,请回答它的以下技术参数的意义:壳架等级额定电流,长延时脱扣器整定电流,瞬时脱扣器整定电流,并解释 DZ20400Y-250A/3,C45N-C-16A/1P,C45NAD-D-40A/3P,NC100H-C-80A/3P,NSD250-200A/3P 等低压断路器型号的含义。

3. 熔断器在配电线路中的主要作用是什么?低压熔断器的主要型号有哪几种?各有什么特点?

4. 电度表的作用是什么?在建筑物配电系统中常用的电度表有哪几种?目前推广使用的电度表是什么型号的?请画出电度表的接线图。

第五节　住宅照明配电系统与电气识图

住宅配电系统由于主要用电设备是照明和家用电器,所以它的施工图一般称为电气照明施工图。在本书后面的附图中有多层住宅配电系统的一套电气照明施工图,它包括设计说明、系统图、平面图和防雷接地图。读懂施工图是建筑安装的第一步,阅读施工图时就将平面图与系统图对照起来阅读。

一、电气照明系统图

附图 2 为多层住宅楼的电气照明系统施工图,图纸编号为电施 2。阅读系统图一般按以按电源进线→总配电箱→一级分配电箱(单元配电箱)→二级分配电箱(分户配电箱)的顺序进行。

1. 电源进线(接户线)

建筑物电源进线的取电点一般在低压配电所,如果容量小,取电点也可以设在低压输电线路上某一点(例如离建筑物最近的一根电线杆上),由取电点到建筑物的这段线路称接户线。该多层住宅楼是采用 TN-C-S(局部三相五线)制供电,它的接户线采用 YJV$_{22}$4×50(交联聚氯乙烯钢带铠装四芯铜芯电缆)直埋地方式敷设,导线规格是,线芯截面为 50mm^2。电源进线之所以选用 YJV$_{22}$ 一是因为它的绝缘层是交联聚氯乙烯耐热塑料,它允许线芯工作温度为 90℃(普通聚氯乙烯电线线芯工作温度为 65℃),因此交联聚氯乙烯电缆比同样截面的普通塑料电缆载流量大约 50% 左右;二是它具有双层钢带铠装层保护,可以直埋地敷设,这样可以节约铜材和成本。

在电源进线处还标注有 $P_{js}=84\text{kW}$,$\cos\varphi=0.9$,$I_{js}=141.8\text{A}$,同样在单元配电箱和分户箱下也标有相应的数据,这是住宅配电线路设计的基本数据,它对于理解整个配电线路的设计很有帮助。这些数据的含义和计算方法在本章第八节《住宅配电线路的设计方法》中专门讲述。

2. 总配电箱

配电线路进入建筑后到总配电箱之间的线路称进户线。配电箱的功能是分配电能,对线路进行配电控制、保护和对所耗电能的进行计量。总配电箱内的进线开关是型号为 NSD250-200A/3P 的低压断路器,除具有开关、短路保护和过载保护的功能外,还兼有隔离开关的作用。配电箱的型式由电气设计人员选定,既可以采用工厂定型生产的标准配电箱,也可以自行设计定做。总配电箱与单元配电箱的连接为放射式结线方式。从总配电箱到单元配电箱的连接导线与接户线相同采用交联聚氯乙烯电缆和直埋地敷设方式。总配电箱下接三个单元配电箱(一级分配电箱)。

3. 单元配电箱

单元配电箱的结构比较简单,内设一低压断路器作为进线开关,一只标定电流为 5A 的电度表是用来计量公共楼梯灯所耗电能的。单元配电箱与分户配电箱的连接为树干式接线方式,连接导线采用 BV 4×25(四根截面为 25mm² 的塑料铜芯电线),穿公径为 40 的塑料电线管埋墙暗敷设。每个单元配电箱的下一级连接有 12 个分户配电箱。在单元配电箱内专设一楼梯灯的回路,并设电度表。配以声控或红外开关,能有效的解决节能和夜晚楼梯间照明问题。

4. 分户配电箱

用户配电箱简称分户,每户一只,也可以同一楼层的两户或三户共用一个分户配电箱。分户箱内除有低压断路器(天津梅兰日兰 C45N-C 型)和电能表(DD86-4 型)外,在插座回路上还装有漏电保护器(天津梅兰日兰 VigiC45 型),它可以有效地防止漏电触电事故,保护用户的人身安全。分户箱内的必须设置电能表。分户配电箱内插座支路和照明支路是分开的,这样当插座回路发生短路事故时,不至于影响照明。为了不使插座回路的电流太大,设了两个插座回路,将用电量最大的厨房插座和普通插座分开。

二、电气照明施工平面图

附图 3(电施 3)为多层住宅底层电气平面施工图,电气平面图的功能是表明电气设备和配电线路在建筑平面上的安装位置。为了使图面简洁一些,在这张图中只表现出了总配电箱、单元配电箱和配电线路干线的安装位置。附图 4(电施 4)和附图 5(电施 5)是多层住宅楼的 A 单元的底层和标准层的放大的平面图,图上详细地标明了电气照明线路支线的走向和安装位置,还详细地标明了灯具、开关和插座的安装位置和安装方式等内容。

住宅的灯具,一般的建筑电气设计只考虑选择最普通的吊线白炽灯或荧光灯,进一步的灯具选择往往由住户进行室内装饰时再去考虑了。在电施图 5 的主卧室内的荧光灯旁标注有 $72-\dfrac{40FL}{2.5}C$,它表示整幢住宅楼有像这样的荧光灯 72 盏,灯管为 36W 的细管节能灯管,C 表示吊链安装,安装高度为 2.5m,荧光灯具的具体型式由业主自定。在阳台上标注有 $129-\dfrac{40IN}{\_}S$,129 表示该型式的吸顶灯有 129 盏,电光源是 40W 白炽灯泡,S 表示紧贴天棚吸顶安装,结合材料表可知,设计者指定型式为椭圆形的吸顶灯,具体型号由户主自定。

在电气施工图上,常用各种图例符号和字符串表示电气设备、线路器材和它们的安装方式等内容。为帮助同学识读电气施工图,现将常用的按国家标准制定的电气图形符号和标注字符的意义在表 6-12 和表 6-13 中列出。

常用电气施工图中字符标注的意义　　　　　　　表 6-12

内　容	名　称	代　号	内　容	名　称	代　号
相序称呼	第一相(A 相)	L_1	敷设方式	穿塑料线槽敷设	PR
	第二相(B 相)	L_2		穿硬塑料管敷设	P
	第三相(C 相)	L_3		穿薄电线管敷设	TC
	零　线	N		穿焊接钢管敷设	S
配电箱	照明配电箱	AL		穿水煤气钢管敷设	G
	电力配电箱	AP		用塑料线夹敷设	PL
	插座箱	AX			
	电度表箱	AW			
	低压配电柜	AL			

内　容	名　称	代　号	内　容	名　称	代　号
灯具安装方法	线　吊　式 链　吊　式 管　吊　式 吸　顶　式 嵌　入　式 墙　上　安　装	CP C P S R W	敷设部位	沿墙面敷设 沿顶棚敷设 吊顶内敷设 沿钢索敷设 沿屋架敷设 沿柱敷设 沿地或地板敷设 暗　敷　设 明　敷　设	W CE CR M R CL F C E

以上字符常用的组合有：WC—沿墙暗敷设，WE 沿墙明敷设，SC 穿钢管暗敷设，PC 穿聚氯乙烯硬塑料管暗敷设，CE 沿顶棚敷设。

常用电气施工图图例符号的意义　　　　表 6-13

	图例符号		图例符号		图例符号
动力配电箱		调光开关		密闭防水单相插座	
照明配电箱		吊扇调速开关		灯具一般符号	
电能表	Wh	明装单相插座		投光灯一般符号	
明装单极开关		暗装单相插座		射　灯	
暗装单极开关		明装单相三孔插座		筒灯 d＝注明直径	
		暗装单相三孔插座		荧光灯一般符号	
密闭（防水）开关		明装三相四孔插座		三管荧光灯	
明装多极开关		暗装三相四孔插座		多管荧光灯	n
暗装多极开关		插座箱（板）		壁　灯	
		单相带开关插座		自带电源事故照明灯	

	图例符号		图例符号		图例符号
深照型灯		路灯(1头、3头)		避雷器	
广照型灯		局部照明灯		由下引来	
防水防尘灯		墙上座灯		由上引来	
球型灯		隔离开关	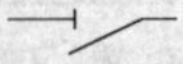	向上配线	
吸顶灯		低压断路器		向下配线	
花灯		负荷开关	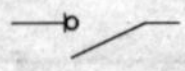	垂直通过	
方格栅吸顶灯	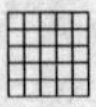	水平接地体	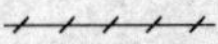	由上引来向下配线	
嵌入式方格栅吸顶灯	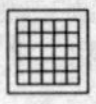	水平接地体(带垂直接地体)		由下引来向上配线	
导轨灯、槽灯		避雷线		等电位连接	

　　开关的位置在平面图中有详细标出,一般说来是一灯一开关,现在大城市住宅普遍使用跷板式开关。对于室内功率较大的吸顶灯(吊灯)可采用调光开关或能对多头灯具进行分级控制的程控式开关控制。开关安装高度一般为 1.3m,插座安装高度一般为 0.3m。在卫生间一般插座安装高度为 1.4m,热水器和排气扇插座安装高度可取 1.8m 或更高。

　　三、电气设计施工说明

　　在电气施工图中不容易表达清楚,而又比较重要的设计意图和必须注意的事项,可在设计说明中进一步说明,如配电系统的制式,配电箱和开关插座的安装高度,重复接地电阻值等。多层住宅的设计说明在附图 1 中。

　　四、防雷接地

　　防雷接地非常重要,在内容上它是一个相对独立的部分,有自己的理论和相应的工程规范,将在第七节中专门叙述。

　　电气设计图纸千变万化,要能熟练地阅读,关键在于多实践看图,熟能生巧。

习　题

　　1. 核对多层住宅电气施工图的材料表中灯具、开关和插座的数量是否正确。

　　2. 在教师的指导下,统计多层住宅电气施工图中的塑料电线管的数量(按规格分类统计)。

　　3. 在多层住宅 A 单元标准层电气放大平面图中,有一灯具安装方式的标注,请解释其含义。

第六节　住宅配电线路的安装

本节将进一步介绍住宅配电线路的安装知识,主要是多层住宅施工图所涉及到的导线的连接、电缆直埋地敷设、导线穿塑料电线管暗敷设的安装规范和工艺。配电线路的导线部分又称布线系统。为了保证电气安装质量,首先要做好主要设备、材料、成品和半成品的进场验收,对于检验结论应有记录,只有符合验收规范的材料才能在施工中应用。与住宅配电系统有关的设备和材料的验收方法和标准,将在以下内容中叙述。

一、导线的连接

在做导线连接和安装之前必须把好电线(缆)的质量关,对于进入安装现场的电线电缆应当按批检查合格证,合格证有生产许可证编号,按《额定电压 450/750V 及以下聚氯乙烯绝缘电缆》(GB 5023.1～5023.7)标准生产的产品,有安全认证标志。现场抽样检测绝缘层厚度和圆形线芯的直径。线芯直径误差不大于标称直径的 1%。常用的 BV 型绝缘电线的绝缘层厚度不小于表 6-14 的规定。

BV 型绝缘电线的绝缘层厚度　　　　　表 6-14

序　号	1	2	3	4	5	6	7	8	9	10	11	12	13	14	15	16	17
电线芯标称截面积(mm^2)	1.5	2.5	4	6	10	16	25	35	50	70	95	120	150	185	240	300	400
绝缘层厚度规定值(mm)	0.7	0.8	0.8	0.8	1.0	1.0	1.2	1.2	1.4	1.4	1.6	1.6	1.8	2.0	2.2	2.4	2.6

导线的连接就是做接头,导线接头是配电线路故障的多发点,对配电线路质量影响很大,要予以充分的注意。导线接头的质量要求是:接头处不增加电阻,机械强度不低于原导线的 80%,绝缘强度不降低和清除焊接时留下的腐蚀性焊接剂。

导线连接的顺序是:首先剥切绝缘层,然后进行导线线芯的连接,最后包缠绝缘层恢复绝缘。

1. 剥切绝缘层

剥切导线绝缘层的操作要领是不能伤及线芯。导线的剥切可用剥线钳或电工刀,剥线钳适用于 $4mm^2$ 及以下的导线,使用的要领是齿孔的大小与导线的线芯要配合好。用电工刀剥切绝缘时要以 $45°$ 倾斜角切入,不要伤及线芯,见图 6.13 所示,绝缘层的剥切长度由连接方法决定。

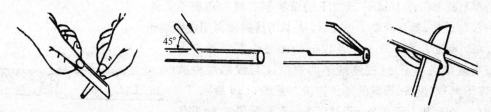

图 6.13　导线绝缘层的剥切方法

2. 铜芯线的连接

铜芯线连接方法有缠卷法、绞接法和压接法,如有必要还可在缠卷和绞接接法的基础上加锡焊处理。缠卷法和绞接法的具体做法可见图 6.14。

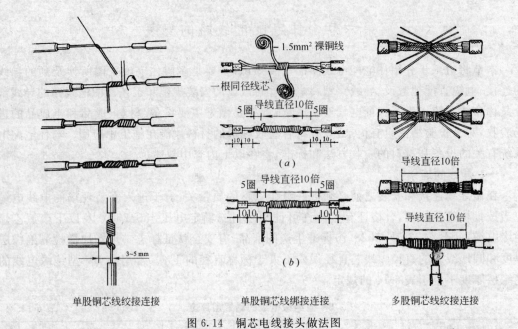

图 6.14　铜芯电线接头做法图
(a)直线连接；(b)分支连接

单股铜芯线绞接连接　　单股铜芯线绑接连接　　多股铜芯线绞接连接

3. 铝芯线的连接

铝芯线的连接主要采用压接法，禁止采用绞接和绑接。由于铝芯线目前在住宅配电线路中较少使用，此处不叙述。

4. 绝缘层的恢复

导线线芯连接完成以后，要恢复绝缘层，方法是包缠绝缘胶带，具体做法见图 6.15。

5. 电缆接头的做法

电缆接头的要求很高，工艺也比较复杂，这里不作叙述。做电缆头的操作工人必须经过专业培训，操作时严格按操作程序进行。

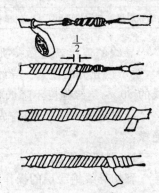

6. 导线与电器设备的连接

芯线与电器设备的连接按下列规定处理：

(1) 截面积在 10mm² 及以下的单股铜芯线和单股铝芯线可直接与设备、器具的端子连接，线头不用搪锡或采用接线端子。

图 6.15　包缠绝缘带做法

(2) 截面积在 2.5mm² 及以下的多股铜芯线拧紧搪锡或接续接线端子后（接线端子的规格应与线芯规格适配，以下同）与设备、器具的端子连接。见图 6.16 所示。

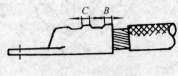

(3) 截面积大于 2.5mm² 及以下的多股铜芯线，除设备自带插接式端子外，应接续接线端子后与设备或器具的端子连接；多股铜芯线与插接式端子连接前，端部拧紧搪锡。

图 6.16　接线端子

(4) 多股铝芯线接续接线端子后与设备、器具的端子连接。

(5) 每个设备和器具的端子接线数不多于 2 根电线。

(6)电线、电缆的回路标记应清晰,编号准确。

二、直埋地电缆的安装方法

住宅配电系统的接户线采用 YJVV$_{22}$电缆直埋地方式敷设,电缆直埋的做法是先挖电缆沟,电缆沟的深度一般为 700mm,过农田埋设应加大到 1000mm 以上,电缆沟的宽度为 350mm(适用于一根电缆)。电缆距沟底应有 100mm 的距离,电缆上面要加混凝土盖板或砖,其宽度为超过电缆两侧各 50mm。接头下要有混凝土衬垫,电缆在沟内呈松弛(波形)状态敷设。电缆沟上应有电缆标志,直埋电缆进入建筑物前要留有余量,直埋电缆穿越建筑物基础时要穿钢管,钢管内径不应小于电缆外径的 1.5 倍。直埋地电缆进入建筑物时的安装方法见图 6.17。

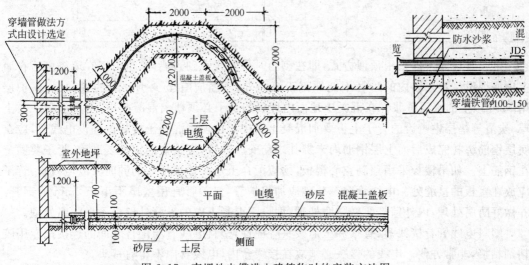

图 6.17 直埋地电缆进入建筑物时的安装方法图

三、塑料电线导管暗敷设

1. 电线导管的埋设

不能直接将电线埋入墙内,电线必须穿电线导管保护后才能埋入墙内。在电气安装中用来保护电线的管子称电线导管或电线管。电线管有金属电线管和塑料电线管两种,塑料电线管由于安装工艺比较简单,劳动强度低,工效高,现在已逐渐替代金属电线管成为主要电线导管品种。住宅配电线路布线大多采用塑料电线管,塑料电线管是用聚氯乙烯塑料制成,有硬管、半硬管和波纹管之分,配电线路多用硬塑料管,硬塑料管也称 PVC 管。暗敷设是指将电管埋设于墙内、地面或地板内,埋设完毕后从表面上看不见。塑料电管敷设首先要熟悉施工图纸,选取最佳安装路径,以路线短、弯头少为原则。在施工准备阶段必须做好塑料电线管材质量和管径的选择。塑料电线管必须是用阻燃型塑料制成,暗管要求管壁厚度在 3mm 以上。为保证材料质量,采用著名品牌的电线管是一种好的办法。国内著名的塑料电线管(PVC 管)品牌有浙江杭州鸿雁电器公司的"鸿雁牌"PVC 电线管,广东顺德生产的"顾地牌"PVC 电线管,广州惠州奇胜电器工业有限公司"奇胜牌"PVC"塑料管等,采用它们的产品,质量是有保证的。当然各地也有一些地方品牌的 PVC 电线管,只要质量合格也可以用。千万不能采用不阻燃的伪劣电线管。

管径的选择也是必须把好的重要关口,虽然施工图纸上标有电线管的管径,但是从安装的角度还必须认真审核,因为管径选不好,将给下一道工序穿电线带来极大的困难。塑料电线管管径与导线的配合关系可见表 6-15。

BV、BLV 绝缘电线穿 PVC 管管径选择　　　　表 6-15

导线截面 (mm²)	导线根数				导线截面 (mm²)	导线根数			
	2	3	4	5		2	3	4	5
1.0	16	16	16	16	16	25	25	32	32
1.5	16	16	16	16	25	32	32	40	40
2.5	16	16	20	20	35	40	40	50	50
4.0	16	16	20	20	50	40	40	50	63
6.0	20	20	25	25	70	50	50	63	63
10	25	25	32	32	95	63	63	63	63

电线管埋墙可以采用预埋方式,即在砌墙时将电线管砌入墙内,也可以在墙砌好后在墙上剔槽埋设。埋入墙内的暗管不能裸露于墙面外,表面应有至少 15mm 的保护层,保护层用 M10 以上的水泥砂浆。在混凝土地面内埋设的管子必须埋入混凝土中,不得裸露。在土层、炭渣等垫层中敷设的管子上下要加混凝土保护。在现浇混凝土楼板内埋设电线管,应在底层钢筋绑扎完成后而上层钢筋尚未绑扎之前安放电管,灯头盒的定位要准确,管子要固定在钢筋上。如果楼板采用预制空心楼板,则应配合土建在楼板吊装的同时安放电线管,管子应放在楼板的接缝处。电线管穿越基础应加保护管,保护管宜用壁厚不小于 2mm 的钢管,并做好防腐处理,内外壁都要做防腐处理,埋设于混凝土内的导管外壁可不做防腐处理。

塑料电线管有接线盒、直接和三通接头等配件,塑料电线管与配件之间的连接用专用胶粘剂粘接,非常方便。电线的接头必须放在接线盒内,电线管内不得有接头。

为穿线方便,当管路过长或有弯曲时应加装接线盒,如何加装接线盒可参照以下规定进行:线管全长超过 30m,且无弯曲时可加装一个接线盒;线管全长超过 20m,有一个弯曲时可加装一个接线盒;线管全长超过 15m,有 2 个弯曲时可加装一个接线盒;线管全长超过 8m,有 3 个弯曲时可加装一个接线盒;线管不允许连续有四个弯曲。

室内进入落地式配电箱、柜内的导管管口,应高出箱、柜基础面 50~80mm。

电线管在楼板内暗敷设灯头盒安装做法和电线管在墙内敷设时过伸缩缝、沉降缝时的做法可参见《建筑电气安装工程图集》的 JD6 部分,图 6.18 为做法图之一。

塑料电线管敷设好后,如暂不穿线,应用水泥包装纸将接线盒、电线管口塞好,以防混凝土砂浆灌入。

2. 穿电线

电线、电缆在穿管前应清除管内的杂物与积水,然后向管内穿电线。穿电线必须用引线,采用 18♯ 或 16♯ 钢丝做引线,用钢丝比用镀锌铁丝好。操作方法,将所有要穿的电线一齐穿入,电线与引线的绑接处应将电线头子错开,形成锥形前端。穿线时至少两人配合,一人送线,一人拉线,要使电线平顺送入,防止扭结,还可以抹些滑石粉,以减少摩擦力。电线在接线盒和灯头盒处要留接线头,以方便做接头。线头长度为:如遇接线盒为盒子的周长,如遇开关盒、灯头盒为盒周长的一半。穿入管内的电线应按相色要求(A 相—黄色,B 相—绿色,C 相—红色,零线—淡蓝色,PE 线—黄绿相间色)选择其颜色,以方便下一步接电气设

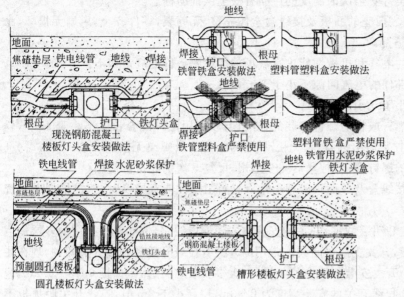
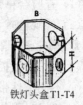

铁灯头盒规格
尺寸及定货编号

型号	尺寸(mm)			定货编号
	B	H	壁厚	
T1	50	60	1.2	HX5581
T2	75	60	1.2	HX5591
T3	90	60	1.2	HX5601
T4	75	70	1.2	HX5611

图 6.18 灯头接线盒在楼板内的做法

备时辨别电线。不进入接线盒(箱)的管口应作封口处理。

住宅如采用多孔预制混凝土板作楼板,可利用其板孔穿线,不过此时必须采用塑料护套电线作为穿孔导线。

四、配电箱、开关、插座、吊扇和灯具的安装

在进行配电箱安装前应进行质量检验,照明配电箱的箱内设备安装应符合下列规定:

(1)箱内配线整齐,无绞接现象。导线连接紧密,不伤线芯,不断股。垫圈下螺丝两侧压的导线截面积相同,同一端子上导线连接不多于 2 根,防松垫圈等零件齐全。

(2)箱内开关动作灵活可靠,带有漏电保护的回路,漏电保护装置动作电流不大于 30mA,动作时间不大于 0.1s。

(3)照明箱内,分别设置零线(N)和保护地线(PE 线)汇流排,零线和保护地线经汇流排配出。

(4)用兆欧表测量线间和线对地间绝缘电阻值,必须大于 0.5MΩ,二次回路大于 1MΩ。

(5)配电箱内二次回路要做交流工频耐压试验。做法与配电线路相同(见课本第 86 页)。

配电箱的安装方式有暗装和明装两种,住宅配电箱宜采用暗装方式(又称嵌入式),安装高度底边距地 1.5m。暗装配电箱通常在砌墙时按箱体大小预留出孔洞,待土建结束后,线管预埋也基本完成后,再埋入配电箱。箱体与墙体接触的部分要刷防腐漆,等待正位置后填入水泥砂浆。箱体的宽度如超过 300mm 时,箱上应加过梁。配电箱应垂直安装,误差不大于 3mm。导线出入板面,均应加装绝缘套管。配电箱内应标明用电回路的名称。住宅总配电箱应当做重复接地,要求将零线、配电箱的金属外壳、接户电缆的铠装层和穿管敷设的进户线的金属线管都要求与接地装置作电气连接。具体做法可见《建筑电气安装工程图集》。

对于开关、插座、接线盒和风扇及其附件进行质量检验的方法是:

（1）查验合格证，实行安全认证制度的产品有安全认证的标志。

（2）外观检查，开关、插座的面板及接线盒盒体完整、无碎裂，零件齐全，风扇无损坏，涂层完整，调速器等附件适配。

（3）对开关、插座的电气和机械性能进行现场抽样检测。检测规定如下：

① 不同极性带电部件的电气间隙不小于 3mm；

② 绝缘电阻值不小于 5MΩ；

③ 使用自攻锁紧螺钉或自切螺钉安装的，螺钉与软塑固定件旋合长度不小于 8mm，软塑固定件在经受 10 次拧紧退出试验后，无松动或掉渣，螺钉及螺纹无损坏现象；

④ 金属间相旋合的螺钉螺母，拧紧后完全退出，反复 5 次仍能正常使用；

⑤ 对开关、插座、接线盒及其面板等塑料绝缘材料阻燃性能有异议时，按批抽样送有资质的试验室检测。

开关的安装有暗装和明装两种，开关的安装方式随配电线路，例如本书介绍的多层住宅的配电线路采用暗敷设，开关也应当暗装。常用的开关有拉线开关和翘板开关两种，现在住宅大多使用翘板开关。开关安装位置应便于操作，大多安装在门边，距门框 0.15～0.2m，翘板的安装高度为 1.3m，拉线开关的安装高度为 2～3m，层高小于 3m 时，拉线开关距顶板不小于 100mm，成排安装的开关高度误差不超过 2mm。应当特别注意，开关只能接在相线上，不能接在零线上，否则容易发生触电事故。同一建筑物内的插座采用同一系列的产品，开关的通断位置一致，操作灵活、接触可靠。住宅不允许使用软线引至床边的床头开关。

插座也可以明装或暗装，其安装方式一般随配电线路。开关有三种安装高度，低位安装高度为 0.3m 左右，但不得低于 0.15m，应在踢脚线之上，适用于住宅的大多数房间；中位安装高度为 1.3m，一般房间适用；对于住宅厨房等潮湿场所的插座安装高度不小于 1.5m；高位安装高度为 1.8m，适用于住宅卫生间排气扇、电热淋浴器用插座的安装。同一室内安装的插座高低差别不应大于 5mm，成排安装的开关高度误差不超过 2mm。暗装插座的面板紧贴墙面，四周无缝隙，安装牢固，表面光滑整洁，无碎裂、划伤，装饰帽齐全。

单相两孔插座，面对插座的右孔或上孔与相线连接，左孔或下孔与零线相连接。单相三孔插座，而对插座的右孔与相线连接，左孔与零线连接。单相三孔、三相四孔及三相五孔插座的接地或接零线接在上孔。同一场所的三相插座，接线的相序一致。

灯具安装的一般要求：灯具的配件应齐全，无机械损伤和变形，油漆无脱落，灯罩无损坏；螺口灯头接线必须将相线接在中心端子上，零线接在螺纹的端子上。

吊灯的安装，应当在天棚内埋设灯头接线盒，作为吊灯与电源接线的地方。吊灯的安装还需要吊线盒和木台两种配件，木台的规格根据吊线盒或灯具法兰的大小选择。木台在顶棚上的安装可用塑料胀管（在混凝土结构上时）或木螺丝（在木结构上时）固定，不得使用木楔，固定用螺钉或螺栓不少于 2 个（当木台直径在 75mm 及以下时，可采用 1 个螺钉固定）。当灯具重量在 0.5kg 及以下时，可依靠电线自身支持灯的重量。花线与吊线盒和灯头的连接处必须打保险结，使线结卡在吊线盒和灯头上，让电线的接头不受力。吊线盒至灯头的这段电线必须用软线（R 字头的电线），不能使用普通电线（B 字头型号的电线）。当灯具重量超过成套的灯具，因重量较大，都采用吊链或吊杆承重。当采用吊链时，灯线应与吊链编在一起。如果吊灯重量超过 0.5kg，采用吊链，且软电线编叉在吊链内，使电线不受力。当灯个重量大于 3kg 时，应预埋吊钩或螺栓安装，如图 6.19 所示，吊钩圆钢的直径不应小于灯具挂销的直径,且不应小于 6mm。吊灯的安装高度室内建议不低于 2.5m(吊灯下口距地高度),当灯具高度小于 2.4m 时,灯具的可接近裸露导体必须做可靠的接地或接零保护,但灯具对地距离最少不能低于 2m。软吊线带升降器的灯具在吊线展开后与地距离不小于 0.8m。

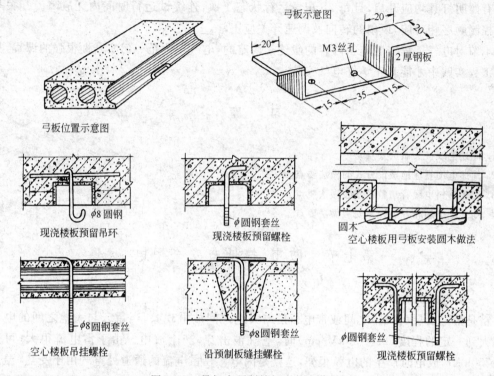

弓板示意图

弓板位置示意图

现浇楼板预留吊环

现浇楼板预留螺栓

空心楼板用弓板安装圆木做法

空心楼板吊挂螺栓

沿预制板缝挂螺栓

现浇楼板预留螺栓

图 6.19　吊灯在预制楼板下的安装做法

开关(插座)的暗敷设必须预埋开关盒(插座盒),开关(插座)的接线在盒内进行,开关插座本身也固定在接线盒上。

对于层高不大的住宅,宜采用自身高度较小的吸顶灯,吸顶灯的安装方法原则上同吊灯。

吊扇的安装因吊扇振动较大,对吊钩要求较高,应用圆钢制作,圆钢直径不得小于吊扇悬挂销钉的直径,且不得小于 8mm;有防振橡胶垫,挂销的防松零件齐全、可靠。吊钩的制作如图 6.19 所示。吊扇的安装高度不应低于 2.5m(扇叶距地高度)。吊杆间、吊杆与电机之间螺纹连接,啮合长度不小于 20mm,且防松零件齐全坚固。吊扇接线正确,当运转时扇叶无明显颤动和异常的声响。安装完毕后,吊扇的涂层完整,表面无划痕,无污染,吊杆上下扣碗安装牢固到位。同一室内并列安装的吊扇开关高度一致,且控制有序不错位。

壁扇的安装高度下侧边缘距地高度不小于 1.8m,壁扇底座采和尼龙塞或膨胀螺栓固定,尼龙塞或膨胀螺栓的数量不少于 2 个,且直径不小于 8mm。固定牢固可靠。壁扇防护罩扣紧,固定可靠,当动转时扇叶和防护罩无明显颤动和异常声响。

配电线路安装完毕后,在通电以前应测量导线之间和导线对地间的绝缘电阻值、检查相位和检验配电线路的交流工频耐压试验,并作好测试记录,这是交式验收的必须提供的资料。导线的绝缘电阻不应小于 0.5MΩ,测量导线的绝缘电阻通常采用兆欧表法。交流工频耐压试验的做法是,当导线绝缘电阻在 1～10MΩ 时,用 1000V 的兆欧表做交流工频耐压试验,时间 1min,应无闪络击穿现象。当导线绝缘电阻大于 10MΩ 时,用 2500V 的兆欧表做交流工频耐压试验,时间 1min,应无闪络击穿现象。

当照明配电系统全部安装完毕后,要进行通电试运行,住宅连续运行时间为 8h。运行时所有照明灯具均应开启,且每 2h 记录运行状态 1 次,连续试运行时间内无故障。开关与灯具控制顺序相对应,风扇的转向及调速开关应正常。

本节对电气工程安装施工内容的叙述是简略的,电气工程是一门实践性很强的课程,只有在工程实践中才能真正学好电气安装。

习　题

1. 简述电线接头做法要点。
2. 简述电缆直埋地敷设方式的做法要点。
3. 简述塑料电线管暗敷设安装做法要点。
4. 简述配电箱和开关插座安装做法要点。

第七节　防雷、接地与安全用电

一、雷电的形成和危害

雷是带电云层(雷云)之间或带电云层与大地之间放电现象,当雷云与大地之间的电场强度大到一定的程度(25～30kV/cm)时,空气被击穿,产生放电。由于雷电流很大(可达 20～750kA),放电时产生的电弧很亮,这就是闪电。在雷电流的通道处空气由于受热(温度可达 20000℃)而急剧膨胀,产生巨大的声响,这就是雷鸣。雷会产生以下形式的破坏作用。

1. 直接雷

雷电的主放电流直接通过建筑物,这样的雷称直击雷。巨大的电流会产生高温而引起火灾,高温引起的水汽的迅速膨胀和电流之间的巨大的排斥力引起劈裂现象。雷电的高电压会破坏电气设备和导线的绝缘,损坏电气设备和配电线路。

2. 感应雷

雷电流很大,放电时间又很短(在 30～50μs 之间),因此雷电流的变化梯度很大,在周围产生很强的电磁场,使得建筑物内的金属构件、电气设备和架空线路内部产生感应过电压,引起火灾或损害电气设备,从而造成灾害。当雷云靠近建筑物和输电线路时,会在建筑物和输电线路上产生感应静电荷(称束缚电荷),云层的电荷由于雷电而突然消失,束缚电荷会形成一个高电压,在建筑物内部引起局部放电,或沿输电线路传入室内,引起电气设备的破坏。这种由电磁感应和束缚电荷引起的雷害称感应雷。无论直击雷或感应雷,发生在输入线路上,高压雷电波沿输电线路或弱电线路侵入室内,损害电气设备或危及人身安全,人们又称其为雷电波入侵或线路雷。这种现象由于发生频率较高(约占雷害事故的一半),应予以重点防范。

二、多层住宅的防雷

1. 防直击雷的措施

按建筑物的重要性、使用性质和发生雷击事故的几率,建筑物的防雷要求分为三级。多层住宅应按第三级防雷建筑物的要求设置防雷措施。

防直击雷系统由接闪器、接地装置和引下线组成。接闪器设置于建筑物上屋面上,常用的接闪器有两种形式:避雷针和避雷带(网),多层住宅适用避雷带。避雷带一般用 $\phi 8$mm 及以上的镀锌圆钢制作,避雷带用支架固定,支架的做法和安装距离见图 6.20,焊接处应涂防腐漆。接地装置也有两种形式:埋设于地下的人工接地体或自然接地体,所谓自然接地体是指埋于地下的金属构造物或建筑物的钢筋混凝土基础内的钢筋。人工接地体由垂直接地体和水平接地体组成,垂直接地体是用 2.5m 的 50mm×50mm 或 63mm×63mm 的等边镀锌角钢或 $\phi 50$ 镀锌钢管制成,角钢厚度不小于 4mm,钢管厚度不小于 3.5mm,以 5m 的间隔垂直打入地下。水平接地体是用 $\phi 16$mm 的镀锌圆钢或 40mm×4mm 的镀锌扁钢制成,其作用是将分散的垂直接地体连成一体。一幢建筑的接地可采用自然接地体或人工接地体,也可两者结合,例如当自然接地体的接地电阻达不到要求时,采用人工接地体补充。引下线是连接接闪器和接地装置的金属导线,引下线可人工专门制作,一般用 $\phi 8$mm 及以上的镀锌圆钢制作,焊接处应涂防腐漆。也可利用建筑物钢筋混凝土结构中柱子的主钢筋作为引下线。

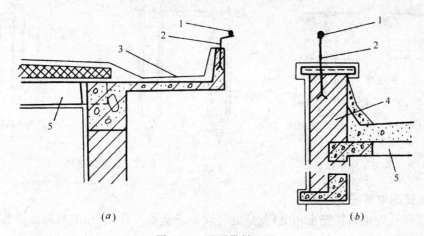

图 6.20　避雷带做法图

(a)屋面平挑檐;(b)女儿墙

1—避雷带;2—支架;3—屋顶挑檐;4—女儿墙;5—屋面板

住宅的防雷措施是在住宅建筑物的女儿墙、屋角或屋脊上装设避雷带。引下线应优先利用建筑物钢筋混凝土柱子中的钢筋,其间距不应大于 25m。如果采用人工引下线,其数量不宜少于两根,间距不应大于 25m。每根引下线的接地电阻不宜大于 30Ω。

2. 防雷电波入侵的措施

电源接户线,应在进入建筑物处将电缆的金属外皮、钢管等与电气接地相连。对于低压架空进出线,应在接户线横担上装设避雷器并与绝缘子(瓷瓶)铁脚连在一起接到电气接地装置上。进出建筑物的各种金属管道及电气设备的接地装置在进入建筑物处与防雷接地装置连接。在总配电箱处或弱电线路上设置专用的避雷器也是防雷电波入侵的有效措施。

等电位连接是一种防止感应雷的有效措施,其内容见本节三、3 有关等电位连接的内容。

在建筑物的电气设计中,必须包括防雷设计,并将设计内容画成平面图。本书介绍的多层住宅的防雷平面图见书后附图 6(电施 6),图中所用的图例符号的含义可见图 6.13。住宅楼的接闪器为屋面女儿墙处设置的避雷带。由于住宅楼是混凝土框架结构,柱内钢筋可用作引下线,引下线设置于四个墙角处,由于引下线距离超过 25m,所以在住宅的正面和背面中间的适当地方各增加一根引下线。接地装置采用自然接地体与人工接地体相结合的做法,即如果自然接地体的接地电阻达不到要求,或增加人工接地体。其安装位置可见附图 3 多层住宅底层照明系统施工平面图。其具体的安装做法可参见图 6.21 和图 6.22。

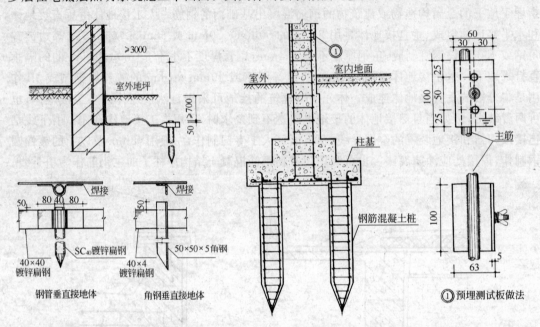

图 6.21　人工接地体做法图　　　　图 6.22　自然接地体做法

三、低压配电系统的接地

接地是低压配电系统安全用电(包括电气设备安全和人身安全)的基础性措施,应用十分广泛。接地的概念比较复杂,以下将介绍 IEC(国际电工委员会)的系统接地理论,试图比较清楚地说明接地问题。

1. TT 系统

TT 系统的第一个 T—表示电源(低压变压器)中性点接地,第二个 T—表示将电气设备的金属外壳接地是一种减小漏电触电危险的安全用电措施,万一发生漏电事故(相线与电气设备的金属外壳短接),可以减少电气设备金属外壳的对地接触电压,如果电源的中性点接地电阻与电气设备的金属外壳接地电阻相等的话,接触电压可降低一半左右,从 220V 降为 110V,从而减轻对人体的伤害。但是由于漏电电流较小达不到启动线路短路保护的数值,不能及时切断电路。再加上 110V 仍然是危险电压,所以它是一种不完善的安全用电措施。在民用建筑物供电系统中不采用此种接线方式。

2. TN 系统

TN 系统的 T 表示电源(低压变压器)中性点接地,N 表示将电气设备的金属外壳与工作零线相接,这就是接零(线)保护系统。电气设备的金属外壳与中性线(零线)相连接,当万一发生漏电事故时,由于中性线的电阻很小,漏电电流很大,可达到启动线路短路保护,从而及时切断电路,有效地防止漏电事故带来的对人体的伤害。TN 系统与 TT 系统相同之点是电气设备的金属外壳最终都与接地装置相连接,都属于保护性接地的范畴。但在 TN 系统中电气设备的金属外壳还与电源的中性点相连接,而 TT 系统则无直接连接,见图 6.23所示。为区别这两种接地,在建筑电气中,将 TT 系统的用电设备的金属外壳的保护性接地称为接地而将 TN 系统的用电设备的金属外壳的保护性接地称为接零。

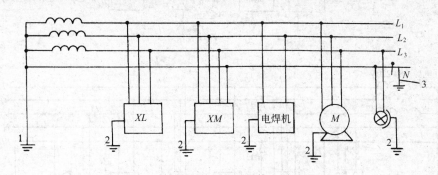

图 6.23　TT 系统
1—工作接地;2—保护接地;3—重复接地

(1) TN-C 系统

TN-C 系统结线方式如图 6.24 所示。电气设备的金属外壳接在它中性线上,此时的中性线兼有工作线和保护线双重功能。这样的中性线称 PEN 线,也称保护性中线,这就是传统的三相四线制接线方式。在三相负载不平衡的民用建筑物配电系统中,如果负载严重不平衡,中性线又没有做重复接地,发生漏电事故的设备离电源又较远,那么漏电设备的金属外壳将有较高的对地接触电压(又称"零飘"电压,超过 50V 安全电压限),这仍然是危险的。所以又出现了 TN-S 系统。

(2) TN-S 系统

在 TN-C 系统中,由于工作零线与保护零线共用一根线,仍然不安全,所以在后来的发展中,就将中性线(N 线)与保护线(PE 线)分开,从电源中性点处就严格分开。用电设备的负载电流从 N 线通过,PE 线平时没有电流,很安全。这样有了两根零线,三相四线制系统演变成三相五线制,这种系统称 TN-S 系统,见图 6.24 所示。在这个系统中,因严禁将 N 线与 PE 线在除电源中性点以外的地方再次连接,所以 PE 线不做重复接地,但 N 线一定要做重复接地。

(3) TN-C-S 系统

在低压配电系统中,如果变压器中性点接地了,但是没有接出 PE 线,但到了建筑物的总配电箱处分出 PE 线,这就构成了 TN-C-S 系统,也称局部三相五线制,见图 6.24 所示。在这个系统中,在总配电箱处一定要做重复接地。

TN-C-S 系统对于三相负载严重不平衡的系统不宜采用,例如建筑施工现场如设有专用的电力变压器时,必须采用 TN-S 方式供电。

3. 与接地和接零有关的几个常用的术语

工作接地——三相四线制配电系统电源(低压变压器)的中性点接地,也称功能接地。

重复接地——接户线在进入建筑物时必须将中性线再次接地,它是与工作接地配套的工程做法。对于埋地进入建筑物的电源线,重复接地做在总配电箱处,如图 6.25 所示。对

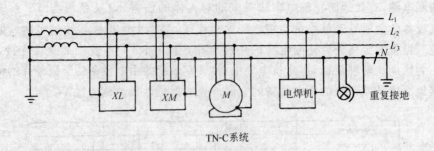

TN-C系统

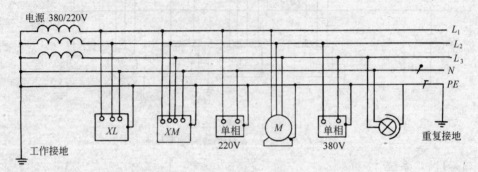

TN-S系统

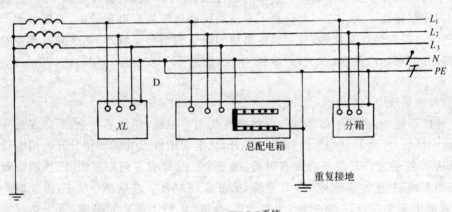

TN-S-C系统

图 6.24　TN 系统

于架空进入建筑物的电源线,重复接地做在接户线横担处。

　　保护接地——将电气设备的金属外壳与接地装置作电气连接,这是 TT 系统的做法,在 TN 系统中采用是将电气设备的金属外壳接 PE 的做法。在 TN 系统中不允许同时采用接零保护和接地保护两种保护措施。

　　防雷接地——接闪器通过引下线与接地装置相连接,防雷接地的目的是排泄雷电流。

　　接地(PE)与接零(PEN)——《建筑电气工程施工质量验收规范》(GB 50303—2002)中使用的名称,在使用此称呼时应当明白,这里的"接地(PE)"在 TT 系统中是名副其实的接地线,但是住宅大多数采用 TN 系统,在 TN 系统中由于 PE 线与电源的中性点直接相连

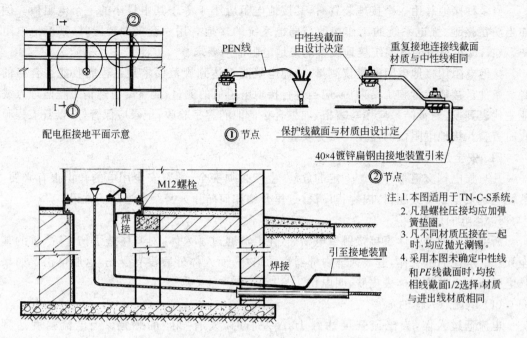

图 6.25 电缆埋地入户重复接地做法图

接,所以是"接零"。

总等电位连接——在建筑物电源线路进线处,将 PE 干线、总水管、采暖和空调立管以及建筑物的金属构件等导电体相互连接,并与接地装置相连接。

辅助等电位连接——在某一局部范围内的等电位连接。

等电位连接是防止漏电触电事故的最后的技术措施,有些漏电触电事故发生在漏电保护器的保护范围之外或当漏电保护器失效的时候,就依靠它保护人身的安全了。在住宅中,卫生间要求做等电位连接,做法是用 24mm×4mm 扁钢将卫生间的所有金属水管。金属构件和金属卫生洁具连接成一体,并尽可能与接地装置相连接。等电位连接也是防感应雷的有效措施。

保护接地和保护接零概念极易混淆,例如住宅内的电源插座的接地极的正确做法应该是接 PE 线,而非直接接地。

工作接地、重复接地的做法可参见《建筑电气通用图集—防雷与接地装置》(92DQ13),图 6.25 是从此图集中摘录的,从中可见重复接地做法的一斑。

4. 接地电阻

接地电阻是指接地装置对"地"的电阻,所谓地是指离接地装置接地点 20m 远处。住宅接地装的接地电阻可按下列数据处理。

变压器中性点接地,当其容量在 100kVA 以上时,其接地电阻 $R \leqslant 4\Omega$;与其配套的重复接地电阻 $R \leqslant 10\Omega$。

变压器中性点接地,当其容量在 100kVA 以下时,其接地电阻 $R \leqslant 4\Omega$;与其配套的重复接地电阻 $R \leqslant 30\Omega$。

防直击雷装置的接地电阻 $R \leqslant 30\Omega$。

当多种接地共用一个接地装置时,其接地电阻应小于等于其中最小的一个电阻值。例如当防雷接地、强电系统的工作接地与弱电系统的接地共用一套接地装置时,其接地电阻 $R \leqslant 1\Omega$,1Ω 正是对弱电系统接地装置的接地电阻值的要求。

接地电阻用接地电阻测量仪测量,接地电阻能否达到规范要求是工程验收能否合格的必要条件。接地装置施工结束后,应当进行接地电阻值的测量,测量时应邀请工程监理方或业主代表到场,测量结果应填写表格,如果合格请他们签字验收,记录应保管好,以备工程验收时查验。接地电阻仪的使用可见实验。

四、安全用电常识

凡与强电打交道都存在着一定的危险,生产必须安全,学习安全用电的知识很有必要。然而电气安全是个大题目,内容很广泛,这里介绍如何防止人身触电事故的常识。

1. 触电的危害

所谓触电就是人体直接接触带电物体,让电流通过了人体,对身体造了伤害,严重的甚至死亡。电流通过人体,造成人体内部器官的损坏,而人体外表没有受伤,这叫电击。如果被电弧或电火花灼伤体表皮肤,叫电伤。

(1)电流对人体的危害

电流通过人体,当电流强度达到 1mA 左右时,人有"麻"的感觉。当电流强度达到 50mA 时,就可能有生命危险(特殊情况只要 15mA 的电流就可致人于死命)。在各种频率的电流中,以 50Hz 的工频电流最危险。

(2)电压对人体的影响

通过人体的电流是电压引起的,不会引起触电的电压称安全电压,我国的安全电压等级有五级:42V、36V、24V、12V、6V,人体的危险电压的界限值为 50V。一般说来,低电压要触及人体才能造成危害,而高压电,由于感应电流,则接近就可能造成危险。

(3)人体触电的形式

一般说来普通人只可能接触 380/220V 的低电压,因而只存在低压触电的危险。低压触电有多种形式,一种是直接接触到两根相线,这时加在人体的是 380V 的线电压,这是低压触电中触电电压最高的,其危险性最大。一种是接触到一根相线和一根零线,这时加在人体的是 220V 的相电压,这也是低压触电中最危险的一种,其触电电压虽然没有前一种高,但机会比较大。触电几率最高的是漏电触电,即用电设备的金属外壳与相线搭接,人在无意间接触这样的设备,引起的触电。这时加在人体的电压大约为 100V,这也是危险电压,虽然触电电压没有前两种高,但几率最高,所以是最危险的一种触电方式。前两种触电事故是专业人员容易遇到,而漏电触电在一般的电能用户中最容易发生。

2. 触电事故的预防措施

首先要有安全用电的意识,与电打道的人随时都要注意防止触电,这是最重要的。要有效地防止触电事故,还应学习必要的电气理论和安全用电的知识。

应逐渐熟悉安全用电的规章制度,严格遵照执行,不要抱侥幸心理。例如在进行电气安装或维修的时候应尽量避免带电操作,在检修操作时,首先应用电笔试试相线有没有带电。在防护条件较差的场下(例如在潮湿环境、金属容器内)工作时采用安全电压,穿戴安全防护用品。经常检查电工工具的绝缘是否良好等。

装设漏电保护器是防止漏电触电的可靠措施,在建筑安装施工现场,对于移动用电设备,在潮湿场合下工作的电气设备都必须加装漏电保护器。

3. 触电时的抢救措施

万一有人发生触电事故时,一方面要赶快使触电者脱离电源,对触电者进行抢救。一方面要派人报告上级和与医院联系。在医生还未到来之前,对触电者进行必要的救护,这一点非常重要,对触电者来说,时间就是生命,触电后不超过 1min 施行急救措施者,救活率为 90%,触电后 6min 的救活率为 10%。急救的方法是:

(1) 如触电人员还未失去知觉,曾一度昏迷,则可让其静卧,召请医生。

(2) 如触电人员失去知觉,无论其有没有呼吸和心跳,都必须进行人工呼吸。人工呼吸的方法中以口对口的呼吸法效果最好,其具体做法是:

令其抑卧,迅速解开衣扣,裤带,颈伸直,头后抑,这样舌根才不至堵塞气流。救护者一手紧捏鼻孔,另一只手扶其下颌,使其嘴张开,用口对口吹气,每吹一口气,松开鼻子一次,使其呼气。吹气量要使其胸廓略有起伏,成年人每分钟吹气(14~16)次。如果触电者牙关紧闭,实在掰不开时,也可堵住嘴对其鼻孔吹气。如图 6.26 所示。

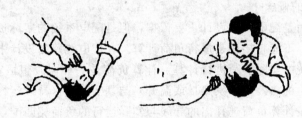

图 6.26　口对口人工呼吸法

(3) 如触电者停止了心跳,还必须同时进行胸外心脏挤压法帮助其恢复心跳。其具体做法是,触电者背部要垫实,救护者一掌心放在其胸部左侧心窝稍高一点的地方,用另一手掌帮助一齐用掌根压胸骨。挤压时动作要带冲击性,对准脊椎向下用力,向下压 3~4cm。挤压后,掌心迅速放松,但不要离开胸膛,按压次数每分钟 60 次,如图 6.27 所示。抢救触电者要有耐心,不停地做下去,直致医生来到。

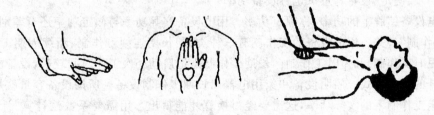

图 6.27　胸外挤压法恢复心跳

习　题

1. 简述 TN-C、TN-S、TN-C-S 系统的含义。说明在 TN-C-S 系统中四线制与五线制的连接点在什么地方,如何做法?

2. 简述接地与接零概念的区别,说明为什么住宅插座的接"地"孔应该接 PE 线。

3. 课本中关于人工接地体的安装做法的叙述比较简略,请根据图 6.24 人工接地体做法详图中所包含的内容,补充叙述人工接地体的安装做法。

*第八节 住宅配电线路的设计方法

一、住宅配电线路的设计理论

（一）电力负荷分级

电力负荷是指电能用户，按电力负荷的重要性，即万一发生停电事故可能造成的经济损失和政治影响，将其分成三个等级，在设计时将根据不同的级别确定供电方式。一级负荷是指一旦中断供电将造成人身伤亡或政治上、经济上造成重大损失的电能用户，一级负荷简单说来是采用相互独立双电源加自备应急电源供电方式。二级负荷是指一旦中断供电将在政治上、经济上造成较大损失的电能用户，二级负荷简单说来是采用相互独立双电源供电方式。凡不属于一、二级负荷的电能用户，都属于三级负荷，三级负荷对供电无特殊要求。多层住宅属三级负荷。

（二）计算负荷

1."计算负荷"的概念

配电系统的负荷是配电系统设计主要依据，但是配电系统的实际负荷，往往是变动着的，没有固定的值，不能直接用来进行负荷计算。在配电线路的设计中，我们用"计算负荷"来替代配电系统的实际负荷进行计算。计算负荷是一种"假想恒定负荷"，这一假想负荷在导线上所产生的热效应（发热量或温升）与真实负荷（持续运行半小时）所产生的热效应相等。这样按计算负荷选择出的导线与实际运行的负荷相匹配，使导线的选择恰到好处。

确定"计算负荷"的计算方法有多种，可根据不同的需要选用合适的方法，例如有需要系数法、二项系数法、综合系数法、负荷曲线法和利用系数法等。其中以需要系数法的计算方法较为简便，适用于民用建筑和建筑施工临时供电设计的要求，应用较广泛，我们将主要介绍需要系数法。

2.用需要系数法确定"计算负荷"

第一步：确定"设备容量"（也称设备功率）

用电设备铭牌上的功率，称额定功率。用电设备实际功率与额定功率还有差别，它与设备的"工作制"有关。用电设备的工作制有三种类型：长期连续工作制、断续周期工作制（也称反复短时工作制）和短时工作制。长期工作制是指启动一次工作时间较长，设备能达到稳定的温升的工作方式。照明设备和家用电器属长期工作制设备。所谓设备容量就是指该设备在特定工作制下的实际功率，这需要经过换算才能得出。用需要系数法计算"计算负荷"的第一步就是确定用电设备的"设备容量"，对于一般长期工作制的用电设备，其设备容量等于其铭牌上的额定功率 P_n。不过在确定气体放电灯的设备容量时要注意，它应是灯管功率与镇流器功率之和。普通铁芯镇流器功率对于低压荧光灯来说可取灯管功率的 $20\% \sim 25\%$，对于高压汞灯则取灯管功率的 8%，电子镇流器由于功耗很小，一般可以忽略不计。例如某教室有 40W 荧光灯 10 盏，采用铁芯镇流器，该教室所有荧光灯的设备容量为 $P_s = 40 \times 10 \times (1 + 20\%) = 480W$。

住宅用电设备多为单相设备，单相设备如果是三相供电，应将单相设备在三相负荷上均衡分配，计算出它的等效三相负荷。如果单相设备在三相负荷上分配以后，各相负荷差别不大,全部按对称三相负荷计算。当三相负荷不平衡度超过15%时,应将单相负荷换算为等效三相负荷,等效三相负荷取最大相负荷的三倍。多层住宅配电线路在设计容易做到三相负荷的均衡分配,直接将住宅总负荷当作等效三相负荷对待即可。例如本教材列举的多层住宅的总计算负荷为84kW,虽然用电设备全部为单相设备,但是供电方式却是三相,在确定计算电流时,它的计算负荷就是84kW,不用再换算,这就是等效三相负荷的含义。

第二步:确定"计算负荷"

用电设备组的计算负荷

有功功率 $$P_{js}=k_x P_s \quad (kW) \tag{6-1}$$

无功功率 $$Q_{js}=P_{js}\,\mathrm{tg}\varphi \quad (kvar) \tag{6-2}$$

视在功率 $$S_{js}=\sqrt{P_{js}^2+Q_{js}^2} \quad (kVA) \tag{6-3}$$

或 $$S_{js}=\frac{P_{js}}{\cos\varphi} \quad (kVA) \tag{6-4}$$

式中 P_{js}、Q_{js}、S_{js}——计算负荷的有功功率、无功功率和视在功率;

$\qquad P_s$——设备组的各设备容量之和;

$\qquad \cos\varphi$——用电设备的功率因数;

$\qquad k_x$——需要系数,是个小于1的数值,无单位。

需要系数的意义可作如下理解:一组用电设备的实际负荷要小于该设备组的设备容量之和,这是由于当用电设备不止一台时,极少同时运行,而运行设备也不一定处于满负荷状态,再加上设备效率和线路损耗等因素的影响就形成了需要系数。实际上,需要系数是个可变量,它与设备数量的多寡和使用状况有关,这对于初学者来说难以把握,表6-16给出住宅用电负荷的需要系数推荐值。

住宅用电负荷需要系数   表 6-16

户 数	3	6	10	14	18	22	25	101	200
需要系数	1.0	0.73	0.58	0.47	0.44	0.42	0.40	0.33	0.26

关于用电负荷的需要系数不同的技术资料有不同的数值,上表摘自《小康住宅电气设计》(中国建筑工业出版社),仅供参考。

3. 计算电流

确定"计算负荷"的目的是为了选择合适的导线和配电设备,选择导线和配电设备的直接依据是计算电流,因此计算负荷的确定后,下一步应该是确定计算电流,计算电流是由计算负荷得出的负荷电流,它的计算公式如下。

对于三相四线制配电线路

$$I_{js}=\frac{P_{js}}{\sqrt{3}U_L\cos\varphi} \tag{6-5}$$

或 $$I_{js}=\frac{S_{js}}{\sqrt{3}U_L} \tag{6-6}$$

对于单相配电线路

$$I_{js} = \frac{P_{js}}{U_P \cos\varphi} \qquad\qquad (6\text{-}7)$$

或

$$I_{js} = \frac{S_{js}}{U_P} \qquad\qquad (6\text{-}8)$$

此组公式在第一章交流电路中已经学过,其字符的含义不再赘述。

二、导线的选择

1. 导线截面的选择

计算电力负荷的主要目的就是为了正确地的进行配电线路的设计,选择导线和配电设备,保证线路正常工作。国标规定的导线标称截面有 1.5,2.5,4.0,6.0,10,25,35,50,70,95,120,150,185,240mm² 等。

应当按照以下三个条件选择导线截面。

(1)按导线允许持续载流量选择导线

导线有电阻,当电流通过时,导线发热,温度升高,温度如果太高,将损坏导线的绝缘层,造成事故。为了避免导线过热,各种型号和截面的导线都有一个允许持续载流量。当然导线的允许持续载流量与敷设方式、环境温度和使用条件有关。选择导线时,应当使导线允许载流量大于线路的计算电流。即

$$I_{an} > I_{js} \qquad\qquad (6\text{-}9)$$

式中　I_{js}——线路的计算电流;

　　　I_{an}——导线的允许持续载流量。

常用 500V 铜芯绝缘电线和 500V 铝芯绝缘电线的允许持续载流量见表 6-17~表 6-19。

500V　BX、BV 型电线允许持续载流量(A)　　　　表 6-17

导线(mm²)	明　敷　设		橡皮线多根同穿一根管内						塑料线多根同穿一根管内					
截面	股数	橡皮	塑料	金属管			塑料管			金属管			塑料管		
				2根	3根	4根	2根	3根	4根	2根	3根	4根	2根	3根	4根
1.0	1	20	18	14	13	11	12	11	10	13	12	10	11	10	9
1.5	1	25	22	19	17	16	16	15	13	18	16	15	15	14	12
2.5	1	33	30	26	23	22	23	21	19	24	22	21	22	19	18
4.0	1	42	39	35	31	28	31	28	24	33	29	26	29	26	23
6.0	1	54	51	46	40	36	40	36	32	44	38	35	38	34	30
10	7	80	70	64	56	50	55	49	43	61	53	47	52	46	41
16	7	103	96	80	72	65	71	61	56	77	68	61	67	61	53
25	19	136	129	106	94	84	94	84	75	100	89	80	89	80	70
35	19	168	159	131	114	103	117	103	92	124	108	98	112	98	87
50	19	215	201	164	144	128	150	131	115	154	137	122	140	123	109
70	49	267	248	201	181	162	182	164	145	194	171	154	173	156	138
95	84	323	304	243	220	197	224	201	182	234	210	187	215	192	173
120	133	374	—	280	252	229	260	234	212	—	—	—	—	—	—
150	37	439	—	318	290	262	299	271	248	—	—	—	—	—	—

注:环境温度为+30℃,电线芯最高允许工作温度为+65℃。

导线(mm²) 截面	股数	明敷设 橡皮	明敷设 塑料	橡皮线多根同穿一根管内 金属管 2根	3根	4根	塑料管 2根	3根	4根	塑料线多根同穿一根管内 金属管 2根	3根	4根	塑料管 2根	3根	4根
2.5	1	25	23	20	18	15	18	16	14	19	17	14	17	16	13
4.0	1	33	30	26	23	22	23	22	19	25	22	21	22	21	20
6.0	1	42	39	35	32	28	31	27	24	33	30	26	29	28	24
10	7	61	55	49	43	37	41	38	33	46	41	36	39	38	34
16	7	80	75	62	55	49	54	49	43	59	52	47	51	49	44
25	7	103	93	80	71	64	72	64	56	75	65	61	68	61	57
35	7	129	122	99	89	78	89	79	69	94	84	75	84	79	70
50	19	164	154	124	110	98	112	101	89	117	103	94	107	96	88
70	19	206	192	154	140	124	143	126	112	145	134	119	136	125	111
95	19	248	234	187	168	150	172	154	140	178	159	142	164	149	133
120	37	290	—	215	197	178	197	178	159						
150	37	337	—	243	224	206	234	212	192						

注：环境温度为+30℃，电线芯最高允许工作温度为+65℃。

截面 (mm²)	直埋地敷设 铜芯	铝芯	在空气中敷设 铜芯	铝芯	截面 (mm²)	直埋地敷设 铜芯	铝芯	在空气中敷设 铜芯	铝芯
4	48	38	40	30	70	216	168	220	170
6	58	43	50	40	95	259	202	270	205
10	77	58	65	50	120	293	226	315	240
16	96	77	85	65	150	331	254	360	275
25	125	96	115	90	185	374	293	420	320
35	149	115	145	110	240	437	341	500	385
50	178	134	175	130	300				

注：环境温度为+30℃，电缆芯最高允许工作温度为+90℃。

（2）按导线允许电压降选择导线

电线有电阻，电流通过导线时，除了会发热，还会在线路上产生一定的电压损失。低压配电线路的电压额定值为线电压380V，相电压220V，供应到用电设备处的电压从理论上说应为额定值，但实际上很难完全做到，允许有一定的偏差，简单说来，公用电网用电允许电压降不超过额定电压的5%，单位自用电源可降到额定电压的6%，临时供电线路可降到8%。按允许线路电压降选择导线截面有计算方法，但是由于住宅配电线路的长度一般不大，能够满足安全载流量要求的导线也能够满足允许电压降的要求，所以不再赘述。

（3）按机械强度选择导线

导线在敷设的过程中和敷设后的使用环境中，总会受到一定的外力，例如导线穿管时的拉力，户外架空线路受到的风吹和积雪的压力等。为保证导线在正常敷设条件下不受损伤而影响正常供电，在电气工程的设计和施工中规定了导线在各种敷设环境下的最小线芯截面值，称导线最小允许线芯截面。导线最小允许线芯截面值可见表 6-20。

敷设条件	绝缘铜芯线	绝缘铝芯线
室外架空	6	10

敷 设 条 件		绝 缘 铜 芯 线	绝 缘 铝 芯 线
固定保护敷设	穿 管 保 护	1.0	2.5
	线 槽 敷 设	0.75	2.5
	护套线扎头直敷	1.0	2.5
保 护 线(PE)		相线线芯截面(mm²)	保护线最小截面
		$S \leqslant 16$	S
		$16 < S35$	16
		$S > 35$	$S/2$

在 TN-S 系统(三相五线制)中,接零保护线(PE)线也有最小允许线芯截面,它不完全是与机械强度有关,也将其列入表 6-20 中。

(4) 低压电器和电度表的选择

现在大城市新建住宅配电线路已很少使用熔断器了,但是在工厂、建筑工地和部分经济相对落后的地区,熔断器的使用还很广泛。熔断器的选择,分两步进行,一是选熔断器,二是选熔体。熔断器的选择要求它的额定电流大于或等于导线的持续载流量,同时不得小于熔体的额定电流。熔体额定电流应大于等于线路的计算电流,小于等于导线持续载流量的0.8 倍,即

$$I_{er} > I_{js}$$
$$I_{er} \leqslant 0.8I_x \tag{6-10}$$

式中　I_{er}——熔体的额定电流;

　　　I_{js}——线路的计算电流;

　　　I_x——导线的允许持续载流量。

低压断路器的选择比较复杂,有多种因素需要考虑,在此对低压断路器的选择方法作了简化。在选择低压断路器时,有三个必须考虑的因素,一是它的额定电压应该大于或等于线路的工作电压,这是不言而喻的。二是它的长延时脱扣器整定电流应该小于导线的持续载流量,这样自动开关才能有效地保护导线不因过载而受损。三是自动开关的长延时脱扣器(过载保护)整定电流值应该大于线路的计算电流,并满足下面的公式:

$$I_B \geqslant I_{g \cdot zd} \geqslant 1.1I_{js} \tag{6-11}$$

式中　$I_{g \cdot zd}$——长延时脱扣器整定电流值(A);

　　　1.1——可靠系数,它可以保证在正常负荷的情况不误动作;

　　　I_{js}——线路的计算电流;

　　　I_B——导线的允许持续载流量。

三、住宅配电线路设计实例

至此我们已经能够应用本章前八节所学的知识完成一幢住宅配电线路的设计任务了,所谓的配电线路设计就是为该配电线路选择导线和开关、电度表等低压电器。我们将按分户配电箱-单元配电箱-总配电箱的顺序进行这一设计。

(1) 分户配电箱

分户配电箱直接面对每个家庭用户供电,家庭用户的用电设备并不十分明确,采用由设

备容量来确定计算负荷的方法行不通,应该采用单位指标法来确定每户住宅计算负荷。所谓单位指标法是由省或地区的有关部门组织专家,对辖区内居民的用电状况进行调查分析,结合本地社会经济发展的远景规划,参照国内外先进地区用电标准,按住宅的类别制定出本地区每平方米或每套住宅的用电量标准(计算负荷),作为住宅电气设计的依据,供电气设计人员参考。实际上各地的住宅用电量与当地住户的经济水平、能源结构、气象条件和生活习惯等诸多因素有关,地区之间有着很大的差异。表 6-21 是《小康住宅电气设计》一书中推荐的每套小康住宅用电容量(计算负荷)标准,我们借用此标准,确定本多层住宅每户的计算负荷为 6kW。此标准已超过北京地区《住宅电气设计通用标准》甲类居室建筑面积 $90\sim92m^2$ 的用电容量标准(3.5kW),这与目前中国城市住宅面积向 100 ㎡ 以上发展的趋势相吻合(见表 6-21)。

小康住宅用电容量标准 表 6-21

容 量 标 准	基 本 目 标	普 及 目 标	理 想 目 标
容量范围(kW)	4～6	6～8	8～10

每户住宅的计算电流如果不超过 60A,一般采用单相供电。如果功率因数取 0.9,那么它的计算电流为

$$I_{js} = \frac{P_{js}}{U_P \mathrm{con}\varphi} = \frac{6\times1000}{220\times0.9} = 30A$$

计算电流确定后下一步应该选择导线和配电控制保护电器。

住宅配电线路的导线可选铜芯线和铝芯线,由于铜芯线的机械强度优于铝芯线,导线接头质量也好一些,线路可靠性较铝芯线为高,费用虽然贵一些,但多数用户还是喜欢使用铜芯线。因此本住宅电气设计也考虑使用塑料铜芯线。由于住宅配电线路不很长,远小于200m,线路允许电压降的要求能自动满足,因此在选择导线截面时,只考虑导线的允许持续载流量要求即可。查表 6-17 知道相线可选 $6mm^2$ BV 线,查表 6-19 可知工作零线(N 线)和保护零线(PE 线)的截面与相线相同。分户箱的出线有三路,两个插座回路和一个照明回路,插座回路应选用 $4mm^2$ BV 线,两个回路可同时满足使用两个以上窗式空调、电炊和电热淋浴的要求,以我国目前和可预见的未来若干年的社会经济发展水平,这样的用电负荷对于多数小康家庭应该是足够的。插座回路的 N 线与相线相同。照明回路的干线应选 $2.5mm^2$ BV 线,照明回路是两线制,不用 PE 线,N 线与相线相同。照明回路的支线(接入每一盏灯的导线)可选用 $1.5mm^2$ BV 线,以方便安装接线。

配电控制保护低压电器的选择,城市住宅分户配电箱内的控制保护电器大多采用小型低压断路器。查表 6-6 可知应选天津梅兰日兰低压断路器 C45N-C 型,长延时脱扣器整定电流为 $I_{g\cdot zd} = 1.1\times I_{js} = 1.1\times30 = 33A$,可选 40A 的单极开关,在配电系统图上标注为 C45N-C 40A/1p。插座回路可选 C45N-20A/2p 型自动开关,2p 是二极开关的意思,它可以将相线和工作零线一并控制,作为插座线路这样做更安全一些。照明回路可选考虑用 C45N-16/1p 型低压断路器,此低压断路器是短保护的对象是照明回路的导线,该导线为 $2.5mm^2$ BV 线,允许持续载流量为 25A,16A<25A,而照明回路的计算电流不会超过 16A,如此选择符合公式(6-11)的要求,是正确的。考虑用电安全,防止漏电触电事故的发生,在插座回路上可安装漏电保护器,与 C45N-32/1p 配套的漏电保护器型号 VigiC45(ELM)。漏电保护只设于插座回路,因为照明回路很少发生漏电触电事故,当插座回路万一发生了漏

电事故时,它也只切断插座回路,而不影响照明。

最后,应该选择一只电度表,查表 6-11 可选 DD862-2   20(40)A 型的单相电度表。

(2) 单元配电箱

单元配电箱的计算负荷和计算电流为(查表 6-18,k_x 取 0.53)

$$P_{js} = k_x P_s = 0.53 \times 12 \times 6 = 38.16 \text{kW}$$

$$I_{js} = \frac{P_{js}}{\sqrt{3} U_L \cos\varphi} = \frac{38.16 \times 1000}{1.73 \times 380 \times 0.9} = 64 \text{A}$$

查表 6-17 可知其进线可选 35mm² BV 线,由于导线截面超过 16mm²,N 线和 PE 线可选择 16mm² BV 线。

查表 6-6 可知应选 NC100H-C 80A/3p($I_{g \cdot zd} = 1.1 \times I_{js} = 1.1 \times 64$ 71A)低压断路器作为进线开关。

(3) 住宅总配电箱

总配电箱的计算负荷和计算电流为(k_x 取 0.39)

$$P_{js} = k_x P_s = 0.39 \times 36 \times 6 = 84 \text{kW}$$

$$I_{js} = \frac{P_{js}}{\sqrt{3} U_L \cos\varphi} = \frac{84 \times 1000}{1.73 \times 380 \times 0.9} = 141.8 \text{A}$$

查表 6-19 可知其进线可选四芯 50mm² YJVV₂₂(交联聚乙烯绝缘铜芯钢带铠装二级防腐电缆)线,直埋地敷设。查表 6-8 可知应选 MSD160-160A/3p($I_{g \cdot zd} = 1.1 \times I_{js} = 1.1 \times 141.8$ 156A)低压断路器作为进线开关。

(4) 插座的设计

插座的设计不可忽略,否则可能给住户带来不便,由于插座不够用,住户必然加接多孔插座,而多孔插座是不安全的。插座最好将一个两孔插座与一个三孔(单相)组合成一组安装(有两种做法,一种是采用将二孔插座与三孔插座做在一个插座面板上的所谓五孔插座,一种是将两个独立的插座组合安装),这样可方便使用不同形式的电源插销。这样的插座组主卧室宜装三组,次卧室宜装设两组,以煤气为主要能源的厨房宜装两组,以电为主要能源的厨房宜装三~四组(或设一个插座箱),起居室三~四组(每面墙至少一组),书房宜装两组,有电脑的书房宜装三组,有两组应安装在一起(可能放置电脑的位置),卫生间宜装一组中位插座,再装二个三孔高位插座,分别供排气扇和电热水器用。设空调的房间应在相应位置装设一个高位三孔插座。

习　题

1. 如果将教学实例多层住宅中的每户用电负荷改为 4kW,整个的配电系统的结构不变,试根据所学理论重新设计该多层住宅的配电线路。

实 验 指 导 书

实验一 三相负载的星形连接法

一、实验目的

1. 掌握三相负载星形连接的方法,加深对三相四线制供电方式的认识。

2. 理解负载不对称时中线的作用。

3. 验证三相负载星形接法时,线电压与相电压以及线电流与相电流的关系。

二、实验时间与场地

时间:二节课;

场地:电工实验室

三、实验教师

任课教师一名,实验或实训指导教师一名。

四、实验工具和器材

1. 三相四线制交流电源 380V/220V;

2. 交流电流表 4 只;

3. 万用表 1 只;

4. 三极闸刀 1 只,单极闸刀 1 只;

5. 白炽灯 9 套(包括开关、灯座、40W 灯泡);

6. 安装板一块;

7. 导线若干和电工工具一套。

五、实验分组

以四人一组为好,也可六人一组。每组一套工具和一套器材。

六、实验步骤

1. 按实图 1 完成电路连接,各开关均处于断开位置。

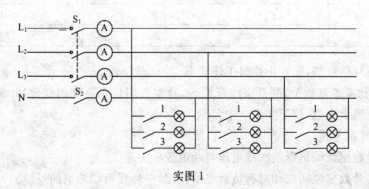

实图 1

2. 依次合上中线开关 S_2 和电源开关 S_1。

3. 单相工作状态。

依次合上 L_1 相3只白炽灯的开关,观察各灯的亮度,并记录该相电流表与中线电流表的读数,填于实表1中。

单相(L_1)交流电路工作状态　　　　　　　　　　　　　　　实表1

灯　数	灯泡亮度	相 线 电 流	中 线 电 流
1			
2			
3			

4. 三相对称负载工作状态

每相均开相同灯数(或3灯、2灯、1灯)时,观察灯的亮度,并测量负载、相电压及记录各电流表读数,填入实表2中。

5. 三相对称负载,断开中线时工作状态

在实验步骤4的基础上,断开中线开关 S_2,重复实验步骤4。

6. 三相不对称负载,有中线时工作状态

改变各相负载,使 L_1 相1盏灯工作,L_2 相2盏灯工作,L_3 相3盏灯工作。注意观察各相灯光亮度的变化,并测量负载电压及记录各电流表读数,填于实表2中。

三相负载对称和不对称连接交流电路工作状态　　　　　　　　　　实表2

		三相对称有中线	三相对称无中线	不对称各相灯泡数	三相不对称有中线	三相不对称无中线
灯泡亮度	L_1			1只		
	L_2			2只		
	L_3			3只		
负载相电压	L_1			1只		
	L_2			2只		
	L_3			3只		
负载相电流	L_1			1只		
	L_2			2只		
	L_3			3只		
中线电流						

7. 三相不对称负载,断开中线时工作状态

在实验步骤6的基础上,断开中线开关 S_2,观察各相灯光亮度的变化,并测量各相负载电压及记录电流表读数,填于实表2中。

七、作业与思考题

1. 用实验数据证明星形接法线电压与相电压的关系。

2. 根据实验数据说明三相对称负载星形连接,中性线可以取消的道理。

3. 根据实验数据说明三相不对称负载星形连接,中性线的作用。

实验二 单相变压器实验

一、实验目的

1. 了解单相变压器的基本结构及其铭牌。
2. 熟悉单相变压器及单相调压器的接线。
3. 验证变压比与变流比的关系。
4. 观察变压器负载变化时,其副边电压的变化趋势。

二、实验时间与场地

时间:二节课;

场地:电工实验室

三、实验教师

任课教师一名,实验或实训指导教师一名。

四、实验设备和仪器

1. 单相变压器: 300VA,220V/24V 一台
2. 自耦调压器: 1kVA,0～250V 一台
3. 单相交流电源:220V,50Hz
4. 负载灯泡:100W,24V 若干只
5. 交流电流表:(0.5～1A,2.5～5A,10～20A) 各一块
6. 交流电压表:(300V、30V)各一块

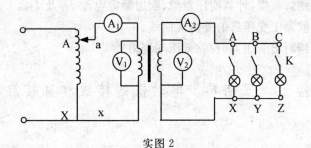

实图 2

五、实验分组

四人一组,最多不超过六人。

六、实验步骤

1. 观察单相变压器及自耦调压器的结构;记录变压器铭牌:型号_____,容量 S_N _____,原、副绕组额定电压 U_{1N}/U_{2N} 为_____。

2. 按图连接电路,先将自耦调压器调至零,灯泡开关 K 断开,使变压器处于空载状态。

3. 经老师检查后,合上电源开关,调节调压器转柄,使变压器原边电压为其额定电压 220V,测量变压器原、副边电压及空载电流 I_0,填入实表 3 中。

4. 保持原边电压为额定值 220V,依次增加副边灯泡个数,便变压器负载逐渐接近其额定容量,分别测量原、副边电流 I_1、I_2 及副边电压 U_2,填入实表 3 中。

负载 情况	测量结果				计算结果			
	U_1	U_2	I_1	I_2	I_0/I_{1N}	K	I_2/I_1	U_1/U_2
空载时	220							
一盏灯泡	220					$(=U_{1N}/U_{2N})$		
二盏灯泡	220							
三盏灯泡	220							

5. 实验中注意事项:

(1) 实验中应保持变压器原边电压始终为其额定电压 220V。该值会随着负载的增加而略有下降,这时应重新调节调压器转柄,使其值恢复为 220V。

(2) 调节调压器时,应通过电压表的读数来指示其输出电压值,因调夺器刻度盘上的指示值不一定准确;

(3) 测 I_1 时,要注意根据电流的大小改变电流表的量程。

七、实验提示

1. 变压器由铁芯及原副绕组组成。

2. 变压器是根据电磁感应原理工作的,它的电压比等于匝数比,电流比等于匝数比的倒数。

3. 副边电压与副边电流之间的关系称为变压器的外特性,随着变压器负载的增加,副边输出电压会有所下降。

八、思考题

1. 根据变压器铭牌数据,计算变压器原、副边额定电流 I_{1N} 及 I_{2N}。

2. 根据实测数据画出变压器的外特性曲线。

3. 何通过观察判断出变压器的高、低压端绕组?

实验三　三相异步电动机的接线和直接启动

一、实验目的

1. 了解异步电动机的构造和铭牌。

2. 了解按钮、开关和交流接触器等低压电器的使用方法。

3. 了解三相异步电动机的接线。

4. 掌握异步电动机直接启动的线路接线,测量异步电动机的空载启动电流和空载电流。

二、实验时间与场地

时间:二节课;

场地:电工实验室

三、实验教师

任课教师一名,实验或实训指导教师一名。

四、实验设备和仪器

1. 三相交流电源 380/220V;

2. 三相鼠笼式异步电动机(功率为 0.6kW)一台；

3. 交流接触器(CJ10-10)一只；

4. 按钮(LA10-2H 红、绿)一只；

5. 交流电压表(0～500V)一只；

6. 交流热继电器(JR16-20/3 热元件额定电流调整为 1.1A)

7. 钳型电流表一只；

8. 1000V 兆欧表一只；

9. 三相闸刀开关(HK2-15/3)一只。

10. BV1.5mm² 导线若干米，作为电路连接导线；

11. 电工刀、剥线钳、尖嘴钳等电工工具一套。

五、实验分组

四人一组,最多不超过六人。

六、实验步骤

1. 抄录异步电动机的铭牌数据

型号 _____；额定功率 _____；额定电压 _____；额定电流 _____；转速 _____。

2. 检查异步电动机,先用手转动转子,看转子转动是否灵活,再用兆欧表测量电动机各绕组间,各绕组与机壳间的绝缘电阻,绝缘电阻值应大于 0.5MΩ。将结果记录入实表 4。

实表 4

电动机绝缘电阻	各相间绝缘电阻(MΩ)			各相对地绝缘电阻(MΩ)		
	U-V	V-W	W-U	U-地	V-地	W-地
启动电流和工作电流	启动电流(A)			工作电流(A)		

3. 异步电动机的直接启动(此实验要求预先将配电盘上的电器具安装好,学生只接线)

(1) 按实图 3 接好电路,经老师检查无误后,可接通电源,按下启动按钮试运行。

(2) 用钳型电流表测量启动电流,可反复停止启动,多测几组数据,取其平均值填入实表 4。

(3) 等电动机运行稳定,用钳型电流表测量其空载电流,记入实表 4。

(4) 断开电流,将电动机电源线换相后连接,观察电动机的反向运转。

(5) 在教师指导下人为制造堵转事故,观察热继电器的工作状况。

(6) 断开电源,拆除实验线路。

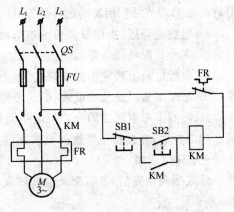

实图 3

七、作业与思考题

1. 思考自锁触点的作用是什么?

2. 启动电流与工作电流之比是多少,这说明什么问题?

实验四 导线连接与分户配电箱的装配

一、实验目的

1. 练习铜芯电线绞接法连接的做法。

2. 练习分户配电箱电器的装配。

3. 练习单相电度表的接线。

二、实验时间和场地

时间:二节课。

场地:电工实验室或其他实验实训场地。

三、实验教师

任课教师 1 名,实验或实训指导教师 1 名。

四、实验工具和器材

1. BV-1.5mm² 和 BV-10mm²(多芯线)电线若干米,黑胶带 1 卷;

2. DD862-4-15(60)电度表 1 只,梅兰日兰低压断路器:C45N-C 40A/1P1 只,C45N-C 16A/1P1 只,(C45N 16A/2P+VigiC45ELM)2 只,低压断路器安装用金属卡槽 1 个,座接线端子板 1 块,配电板一块或配电箱 1 只,BV-2.5mm²、BV-4.0mm²、BV-6.0mm² 和绝缘套管若干电线。

3. 螺丝刀、胶把钢丝钳、手电钻、剥线钳和电工刀各一把。

五、实验分组

有条件的最好 2 人一组,也可 4 人一组,但不要超过 4 人。每组一套工具和一套器材。

六、实验步骤

(一)导线的连接

1. 剥切电线绝缘层,操作要领可见本书第六章第六节 1"剥切绝缘层";

线芯的绞接连接做法,做单芯线接头、多芯线接头和分支接头各一个,操作要领可见本书第六章第六节"铜、铝芯线的连续"。

2. 包缠绝缘层,操作要领可见本节第六章第六节"绝缘层的恢复"和图 6.15。

(二)分户配电箱电器装配

1. 在配电板上确定电器安装位置,用手电钻钻安装孔;

2. 往配电板上安装电度表、低压断路器等电器;

3. 按照本书附图 2 的分户配电箱的系统图用导线将各低压电器连接起来,电线要求放置于配电板后,并按横平竖直的要求捆绑成束,固定于板上。

七、评定成绩

导线接头做完后,各组交叉检查评议质量,然后交给教师检查并评定成绩。

实验五　接地电阻仪的使用和接地电阻的测量

一、实验目的

1. 练习接地电阻仪的使用方法；
2. 学习接地装置接地电阻值的测量方法，进行接地装置接地电阻值的实地测量。

二、实验时间和场地

时间：二节课；

场地：教室和校园内的建筑物防雷接地引下线装置多处（最好有 4 个点）。

三、实验教师

任课教师一名，实验或实训指导教师一名。

四、实验工具和器材

ZC-8 型接地电阻仪 4～8 套。

五、实验分组

以 4 个学生一组为最好，如果班级人数多，6 人一组也可以。

六、实验步骤

（一）学习接地电阻仪的使用方法

由任课教师在教室里讲授和演示接地电阻仪的使用方法，15min 内完成。

（二）使用接地电阻仪进行接地电阻的测量

由任课教师和实验教师带领学生进行接地电阻的实地测量，可按以下步骤进行

1. 如果只有 4 台接地电阻测量仪，4 个学生一组，每个教师带两组。每组从拆卸引下线的断接卡开始，包括向地下插入接地电阻仪的接地探针，连接导线等都要做一遍。

2. 每两人测 3 个数据，算出平均值，并填写实表 5 记录在案。

接地电阻值测量数据记录表　　　　　　　　　　　　　　　　实表 5

测 量 地 点	测量数据（Ω）			
	1	2	3	平　　均
测量人签名				

3. 如果一个班有 48 名学生，应该分 12 组，每次允许 4 个组同时做测量，那么应该分三次将实验做完。

七、评定成绩

导线接头做完后，各组交叉检查评议质量，然后交给教师检查并评定成绩。

附录 接地电阻测量仪的作用方法

接地电阻仪由手摇发电机,电流互感器和灵敏电流计(检流计)等元件组成。其工作原理是,当手摇发电机以每分钟120次的转速摇转时,产生出110～115Hz的交流电,作为测量接地电阻电路的电源。这种仪表是根据电位计的工作原理设计的。测量仪还有一个附件袋,装有接地探测棒两根,5m导线一根,20m导线一根和40m导线一根。

附录图1为ZC-8型接地电阻仪外形图。它有四个接线端子,(C、P、2个E),在测量1Ω以上接地电阻值时,将E的两个端子连接在一起,有的接地电阻仪干脆做成一个端子E。当测量电阻值小于1Ω的接地装置时,E的两个接线端子应分开与接地装置连接。接地电阻仪测量接地电阻的操作程序如下

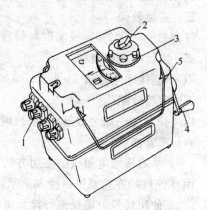

附录图1 ZC-8型接地电阻测量仪
1—接线端钮;2—倍率选择开关;
3—测量标度盘;4—摇把;5—提手

1. 将接地电阻仪调零,把接地电阻仪放平,检查检流计的指针是否指在红线上,若未在红线上,可用"调零"螺丝调整。

2. 距离接地装置20m和40m远处分别插入两根接地探针,插入深度为40mm,并照附录图2所示接好连线,电位探测针 P' 应位于被测量接地装置 E' 与电流探测针 C' 之间。

3. 接地电阻仪有多个量程(称倍率标度),0～1/10/100Ω(0.1/1/100倍率),先从最大倍率开始,如量不起来,再换较小的一档。

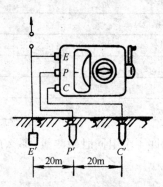

附录图2 接地电阻测量接线
E'—被测接地体;P'—电位探测针;C'—电流探测针

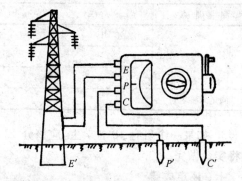

附录图3 测量小于1Ω的接地电阻的接线

4. 手摇发电机的速度由慢到快,一面摇一面调整测量标度盘,使检流计指示为零。直至手摇发电机转动速度到120r/min,坚持一会,使检流计的指针稳定在红线位置,此时测量标度盘的读数(例如0.65)乘以倍率标度值(例如10),即为所测接地电阻值(为6.5Ω)。

接地电阻应该在接地装置安装完成后就做,并留下记录,请监理方监督签字验收。